丽水市
野生脊椎动物

Wild Vertebrates
In Lishui

浙江大学出版社
ZHEJIANG UNIVERSITY PRESS

全国百佳图书出版单位

主编 程瑶 金伟 陈林

图书在版编目(CIP)数据

丽水市野生脊椎动物 / 程瑶,金伟,陈林主编. —
杭州:浙江大学出版社,2021.11
ISBN 978-7-308-21682-1

Ⅰ. ①丽… Ⅱ. ①程… ②金… ③陈… Ⅲ. ①野生动
物—脊椎动物门—动物资源—丽水 Ⅳ. ①Q959.308

中国版本图书馆 CIP 数据核字(2021)第 169447 号

丽水市野生脊椎动物

程 瑶 金 伟 陈 林 主编

责任编辑	季 峥
责任校对	潘晶晶
封面设计	BBL 品牌实验室
出版发行	浙江大学出版社
	(杭州市天目山路 148 号 邮政编码 310007)
	(网址:http://www.zjupress.com)
排 版	杭州朝曦图文设计有限公司
印 刷	杭州高腾印务有限公司
开 本	787mm×1092mm 1/16
印 张	12
插 页	8
字 数	286 千
版 印 次	2021 年 11 月第 1 版 2021 年 11 月第 1 次印刷
书 号	ISBN 978-7-308-21682-1
定 价	86.00 元

浙江大学出版社市场运营中心联系方式:0571—88925591;http://zjdxcbs.tmall.com

前　言

　　野生动植物是构成生物多样性的主体,是自然生态系统重要的组成部分,也是关乎人类生存、发展的极为重要的主要自然资源,是体现生态文明建设成效的主要指标,更是当下丽水奋力开辟"绿水青山就是金山银山"新境界的重要基石资源。野生脊椎动物则是这个自然生态系统中最为活跃的组成部分,科学、权威的野生动物资源数据是衡量区域自然资源禀赋和生态环境质量的直观指标。

　　中国生态第一市——丽水市,地处浙南山区,是瓯江、飞云江、钱塘江等多条水系的发源地,是浙江最重要的生态屏障,生态区位极为重要;丽水风光秀美、自然资源丰富,其中野生动植物资源尤甚,其总量高居全省首位,素有"浙南林海""浙江绿谷""华东氧吧"等称号,享有华东地区"动植物摇篮"之美誉。限于野生动植物资源调查工作涉及学科多、专业性强、工作量大等因素,历史上除自然保护区和部分森林公园、湿地公园等生态敏感区曾组织开展过科学考察并形成区域性的名录之外,全市范围尚未进行过系统性的调查研究,野生动物资源家底长期不清。

　　为尽快补齐这一短板,更好地保护野生动植物,维护生物多样性,保障生态安全,及时、全面、准确反映丽水市生态文明建设成果,丽水市 2018—2020 年委托浙江省森林资源监测中心针对全市范围的脊椎动物和维管植物进行专项编目调查研究。经两周年编目调查研究,丽水市共记录到 725 种脊椎动物中鱼类 6 目 19 科 120 种,两栖类 2 目 9 科 45 种,爬行类 2 目 14 科 72 种,鸟类 20 目 80 科 413 种,兽类 8 目 23 科 75 种。其中,陆生野生动物 605 种,隶属 32 目 126 科,占全省陆生野生脊椎动物总种数的 75.22%。本次编目调查研究主要有以下几个方面的成绩:一是丽水市脊椎动物种类数据有了大幅提升和变化,物种数量增加了 220 种,其中鱼类 20 种、两栖类 10 种、爬行类 18 种、鸟类 154 种、兽类 18 种;二是调查研究发现丽水市物种分布新记录 21 种,分别为兽类 1 种,鸟类 3 种,爬行类 1 种,两栖类 4 种,鱼类 12 种,其中无尾蹄蝠、黑眉拟啄木鸟、黄嘴角鸮、楔尾鹱、寒露林蛙、橙脊瘰螈等 6 种为浙江省分布新记录;三是发现了众多珍稀濒危野生动物,其中国家重点保护野生动物 124 种(国家一级重点保护野生动物 23 种,国家二级重点保护野生动物 101 种),《濒危野生动植物种国际贸易公约》附录Ⅰ、附录Ⅱ中物种 51 种(附录Ⅰ有 18 种,附录Ⅱ有 33 种),《中国生物多样性红色名录——脊椎动物卷》受威胁等级易危(VU)及以上物种 82 种,《世界自然

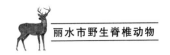
保护联盟红色名录(2019年)》受威胁等级易危(VU)及以上物种44种,浙江省重点保护野生动物85种。

全市共记录到野生及常见栽培维管植物217科1196属3623种(含种下等级;其中栽培植物480种,详见《丽水市野生维管植物》)。

本书着重介绍丽水市野生动物资源调查研究的情况,是根据各个动物门类的专题报告,综合有关的文献、资料所做的系统整理和总结。本次野外调查涉及面广、点多、周期短,且区域历史资料较少,文本中难免有疏虞之处,敬请读者指正。

编　者

2021年3月

目　录

第1章　基本概况

一、自然地理

(一)地理位置

丽水市位于浙江省西南部浙闽两省结合部,市境介于北纬 27°25′～28°57′和东经 118°41′～120°26′;东南与温州市接壤,西南与福建省宁德市、南平市毗邻,西北与衢州市相接,北部与金华市交界,东北与台州市相连;距省会杭州 292km,距上海 512km、温州 126km、金华 122km。全市土地面积 17275km²,其中山地占 88.42%,耕地占 5.52%,溪流、道路、村庄等占 6.06%,有"九山半水半分田"之说。

(二)地形地貌

丽水市地形地貌属浙闽隆起区组成部分。山脉属武夷山系,主要有仙霞岭、洞宫山、括苍山,呈西南向东北走向。海拔 1000m 以上山峰 3573 座,1500m 以上山峰 244 座,其中龙泉市凤阳山黄茅尖海拔 1929m,庆元县百山祖海拔 1856.7m,分别为江浙第一、第二高峰。地势由西南向东北倾斜;西南部以中山为主,间有低山、丘陵和山间谷地;东北部以低山为主,间有中山及河谷盆地;最低处为青田县温溪镇,海拔 7m。

(三)气候

丽水市处于中亚热带季风气候带,由于在区位上邻近东海,受海洋影响较大,具有较明显的中亚热带海洋性季风气候特征;同时由于地势多中山丘陵地貌,具有较显著的山地立体气候特征。中亚热带海洋性季风气候与丘陵山地立体气候的叠加造就丽水优越的气候环境,是中国气候养生之乡。丽水气候的总体特征为四季分明、冬暖春早,降水丰沛、雨热同步,垂直气候、类型多样。全市年平均气温 17.9℃,1 月月平均气温最低(6.7℃),7 月月平均气温最高(28.4℃);各县(区、市)年平均气温呈南高北低的趋势,青田最高(18.6℃),遂昌最低(17.1℃)。历年极端最高气温 43.2℃(2003 年 7 月 31 日出现在丽水市区),历年极端最低气温－10.7℃(1977 年 1 月 6 日出现在缙云)。全市年平均降水量 1598.9mm,一年中有 80%的降水出现在 3—9 月,其中 6 月月平均降水量最多(289.1mm),12 月月平均降水量最少(44.3mm);各县(区、市)年平均降水量自南向北呈减少趋势,庆元最多(1746.8mm),莲都最少(1405.8mm)。全市年平均日照时数 1635.1h,7 月月平均日照时数最多(215.6h),2 月月平均日照时数最少(84.0h);各县(区、市)年平均日照时数差异不大,庆元最多(1729.0h),遂昌最少(1575.1h)。丽水市的风速总体较小且盛行东北偏东风,全市年平均风速在 0.8～2.2m/s;在地区分布上,自东南向西北地区减小。

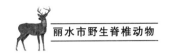

丽水市是气象灾害的频发区,气象灾害种类多,每年暴雨、台风、寒潮、大雪、低温、大风、冰雹、雷击、高温、干旱等各类气象灾害都会发生,容易引发流域洪涝、小流域山洪、山体滑坡、泥石流、森林火灾等次生或衍生灾害。

(四)水文

丽水市区域内有瓯江、钱塘江、飞云江、椒江、闽江、赛江,被称为"六江之源"。溪流与山脉走向平行。仙霞岭山脉是瓯江水系与钱塘江水系的分水岭;洞宫山山脉是瓯江水系与闽江、飞云江、赛江的分水岭;括苍山山脉是瓯江水系与椒江水系的分水岭。丽水市河流多属山溪性河流,两岸地形陡峻,江、溪源短流急,河床割切较深,水位受雨水影响而暴涨暴落。

境内第一大江——瓯江,发源于庆元县、龙泉市交界的洞宫山锅帽尖西北麓,自西向东蜿蜒过境,干流长388km,境内长316km,流域面积12985.47km²,占全市总面积的78%。

(五)土壤

据第二次土壤普查资料,全市共有8个土类14个亚类45个土属,主要有红壤、黄壤、粗骨土、紫色土、基性岩土、潮土、水稻土等。红壤主要分布海拔800m以下的低山丘陵地区,植被以次生常绿阔叶林或常绿针阔叶混交林为主,有红壤、黄红壤、红壤性土3个亚类12个土属,占全区土壤面积的36.98%,其中以黄红壤面积最大;红壤、黄红壤亚类土层深厚,自然肥力较好,而红壤性土多含半风化母质,肥力较差。黄壤分布于海拔700m以上的中、低山地带,垂直分布都在红壤带以上,植被为常绿阔叶林、常绿落叶阔叶混交林,有1个亚类2个土属,占24.44%;黄壤本质上与红壤并无多大差别,形成于潮湿的生物气候条件下,土层厚,自然肥力优于红壤。水稻土分布广泛,纵横全市,有3个亚类18个土属,占11.91%。粗骨土、紫色土、山地草甸土是非地带性土壤,呈斑状分布;其中,粗骨土有1个亚类42个土属,占24.90%;紫色土有2个亚类3个土属,占0.93%;山地草甸土有1个亚类1个土属,占0.02%。

表1.1 丽水市土壤分布统计

土类	面积/万亩										比例/%
	莲都	青田	缙云	遂昌	松阳	云和	庆元	景宁	龙泉	合计	
红壤	91.92	180.62	50.23	158.02	94.68	59.53	75.12	71.27	159.57	940.96	36.97
黄壤	18.5	59.4	19.31	138.74	42.6	24.65	122.78	95.15	101	622.13	24.44
紫色土	10.91	/	6.22	4.6	0.7	0.05	1.17	/	/	23.65	0.93
粗骨土	51.7	81.65	111.11	37.12	29.18	41.7	47.73	87.6	146.02	633.81	24.90
基岩性土	1.08	/	2.42	/	0.15	0.13	/	/	0.19	3.97	0.16
山地草甸土	0.02	/	/	0.03	/	/	/	0.02	0.35	0.42	0.02
潮土	4.85	4.8	1.91	0.16	2.16	0.43	0.13	1.09	1.4	16.93	0.67
水稻土	39.38	40.2	26.4	32.79	35.72	17.79	29.66	34.6	46.66	303.2	11.91
合计	218.36	366.67	217.6	371.46	205.19	144.28	276.59	289.73	455.19	2545.07	100.00

二、自然资源

(一)植被

根据《中国植被》中的区划,丽水市属于亚热带常绿阔叶林区域—东部(湿润)常绿阔叶林亚区域—东部中亚热带常绿阔叶林地带—东部中亚热带常绿阔叶林北部亚地带—浙闽山地丘陵米槠林、甜槠、木荷林植被区,地带性植被为常绿阔叶林。全市大部分地区属于百山祖、九龙山米槠林、甜槠林、刨花楠林小区,只有缙云以东区域属于天台山、括苍山米槠林、甜槠林、木荷林小区。

由于开发历史悠久、人类活动频繁,目前除交通不便的高远或陡峭区域尚残留部分原始或接近原生状态的天然常绿阔叶林外,大多数地区的原生森林植被已被针叶林、针阔叶混交林、常绿落叶阔叶混交林及其他更为次生的灌丛、灌草丛群落等不稳定的、过渡性的植被类型所代替。现状植被具有明显的中亚热带性质,其组成种类繁多,类型复杂,次生性强,地域分异明显。

(二)野生动植物

丽水市得天独厚的自然环境造就了丰富多样的生境条件,为生物多样性提供了优良演化条件,孕育并保存了丰富生物资源,享有"华东地区动植物摇篮"之美誉。

据本次编目调查统计,全市共有野生及常见栽培维管植物 217 科 1196 属 3623 种(含种下等级,下同;栽培植物 480 种)。其中,列入《国家重点保护野生植物名录》(2021)的野生植物共计 78 种(国家一级重点保护野生植物 5 种;国家二级重点保护野生植物 73 种);列入《浙江省重点保护野生植物名录》的野生植物 53 种;列入《中国生物多样性红色名录——高等植物卷》的野生植物 122 种。

全市野生脊椎动物共有 38 目 145 科 726 种。其中,列入《国家重点保护野生动物名录》(2021)的有 125 种;列入《浙江省重点保护陆生野生动物名录》的有 85 种;被《中国生物多样性红色名录——脊椎动物卷》(简称《中国生物多样性红色名录》)评估为受威胁等级易危(VU)及以上的有 83 种。

三、社会经济

(一)行政区划

丽水市下设莲都区、青田县、缙云县、遂昌县、松阳县、云和县、庆元县、景宁县和龙泉市 9 个县(区、市),其中市辖区 1 个,县级市 1 个,县 7 个。景宁畲族自治县为浙江省唯一的少数民族自治县。全市行政划分详见表 1.2。

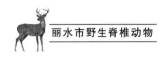

表 1.2　丽水市行政区划统计

行政区划	土地面积/km²	镇、乡、街道/个			社区、村/个	
		镇	乡	街道	社区	行政村
全市	17275	54	88	31	118	1891
莲都区	1493	4	5	6	32	235
青田县	2477	10	18	4	16	363
缙云县	1494	7	8	3	6	253
遂昌县	2540	7	11	2	8	203
松阳县	1401	5	11	3	13	203
云和县	990	3	3	4	15	71
庆元县	1897	6	10	3	9	191
景宁县	1939	4	15	2	6	136
龙泉市	3044	8	7	4	13	236

(二)人口

根据《丽水市 2020 年第七次全国人口普查主要数据公报》,全市常住人口为 2507396 人。其中,男性人口为 1293190 人,占 51.58%;女性人口为 1214206 人,占 48.42%。居住在城镇的人口为 1550182 人,占 61.82%;居住在乡村的人口为 957214 人,占 38.18%。

(三)国民经济

根据《2020 年丽水市国民经济和社会发展统计公报》,2020 年全市国内生产总值 (GDP)1540.02 亿元,比上年增长 3.4%。其中,第一产业增加值 104.61 亿元,第二产业增加值 555.19 亿元,第三产业增加值 880.22 亿元,分别增长 2.5%、1.0% 和 5.4%,三大产业对经济增长的贡献率分别为 5.2%、12.6%、82.2%。三次产业增加值结构为 6.8∶36.0∶57.2。

2020 年财政总收入 240.15 亿元,比上年增长 5.3%;一般公共预算收入143.86亿元,增长 2.9%。其中,税收收入 117.67 亿元,增长 7.2%,占一般公共预算收入的 81.8%。公共预算收入与经济增长基本同步,减税降费政策成效得到较好体现。一般公共预算支出 527.10 亿元,增长 0.1%,其中民生支出 398.33 亿元,占比 75.6%。

2020 年全市居民人均可支配收入 37744 元,比上年增长 6.5%,扣除价格因素增长 4.4%。按常住地分,城镇常住居民和农村常住居民人均可支配收入分别为 48532 元和 23637 元,分别名义增长 4.5% 和 7.8%,扣除价格因素分别增长 2.5% 和 5.7%。

全市居民人均生活消费支出 25940 元,比上年名义增长 0.9%。其中,城镇常住居民人均生活消费支出 31756 元,下降 0.4%;农村常住居民人均生活消费支出 18335 元,增长 1.1%。

第2章 调查研究方法

一、调查目的

本次野生动物编目调查研究,以物种调查为主,兼备物种生境和生态系统类型调查,旨在掌握丽水全市野生动物资源本底的科学、权威数据,向世人展示丽水生物多样性和丰富的自然资源、优良的生态环境,进一步强化生物多样保护工作的针对性和提升保护管理工作的有效性,为打造"秀山丽水、养生福地、长寿之乡",建设美丽幸福新丽水,维护浙江生态屏障安全提供科学的支撑。

二、调查范围和对象

(一)调查范围

本次丽水市野生动物编目调查的范围包括丽水市行政范围17275km²,包括莲都区、青田县、缙云县、遂昌县、松阳县、云和县、庆元县、景宁县和龙泉市。

(二)调查对象

本次丽水市野生动物编目调查的主要对象为在丽水市行政管辖区域范围内的野生脊椎动物,包括兽类、鸟类、爬行类、两栖类和鱼类。重点调查国家重点保护野生动物、浙江省重点保护野生动物、《濒危野生动植物种国际贸易公约》(简称CITES)附录Ⅰ及附录Ⅱ、《世界自然保护联盟濒危物种红色名录(2019年)》(简称《IUCN红色名录》)中受威胁等级为易危(VU)及以上等级的物种、《中国生物多样性红色名录》中列为易危(VU)及以上等级的物种。

三、调查研究方法

鉴于野生动物资源调查研究的专业性、困难程度以及时间安排的局限性,采取在现有资料收集、整理和研究的基础上,有针对性地开展访问调查、野外补充调查的形式。

(一)资料收集

(1)收集丽水市各相关区域,如自然保护区、森林公园、湿地公园等各类保护地的野生动物资源调查资料,重点是收集整理各自然保护区的本底调查成果和监测调查数据资料。

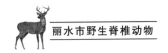

(2)《浙江野生动物志》(第二版)编研的初步成果。

(3)浙江省第二次全国陆生野生动物资源调查相关成果。

(4)各类志书、最新文献等。

(5)广泛征集当地民间动物爱好者、地方动物保护组织等提供的线索。

(二)访问调查

1.保护管理部门

访问野生动物保护管理部门相关人员,查阅野生动物保护管理部门野生动物相关工作卷宗,调查有关社会经济、栖息地变动、保护管理等状况,收集有关重要珍稀物种的分布区域、种群数量、关键生境状况等资料,分析生物多样性受威胁的状况及因素。

2.当地居民和巡护人员

通过与当地居民和巡护人员等的访谈,了解当地野生动物的种类和分布情况,分析潜在分布物种。根据受访者对野生动物外形、生活习性、活动季节的描述和过去的调查记录,判断未采集到或未见到的物种。同时,了解不同物种的主要活动季节、生境、习性、大致数量、利用及生存状况、可能存在的问题及其干扰程度。

3.农贸集市

主要用于鱼类、部分两栖类和爬行类调查。访问调查湿地公园、江河湖泊、水库附近农贸集市的摊主或村民等。

(三)野外调查

1.红外自动数码照相法

红外自动数码照相法主要针对中大型兽类、地栖性鸟类的调查。本调查方法主要解决中大型兽类物种及地栖性鸟类野外踪迹难觅的难题。在调查地点,选择目标野生动物经常行走的兽径及在野生动物水源地附近布设红外自动数码相机;对相机进行编号,每一台相机对应一记录表,记录相应信息。根据相机记录的信息确定野生动物的种类、数量和分布等,并记录相机安放位置的生境状况。

2.样线法

样线法适用于大部分兽类、鸟类、两栖类、爬行类和鱼类。样线布设应考虑野生动物的栖息地类型、活动范围、生态习性、透视度和所使用的交通工具。样线长度应根据对该样线的调查能够在当天完成的进度设置。样线调查时发现野生动物或其痕迹时,记录野生动物名称、痕迹种类、数量及距离样线中线的垂直距离、地理位置等信息。

3.样点法

样点法适用于鸟类、两栖类、爬行类、鱼类。样点布设时根据各门类野生动物的栖息地类型、活动范围、生态习性等,合理设置一定数量的样点,以各个样点作为中心点,计数一定半径区域内野生动物的种类及数量,同时记录生境状况。

4.样方法

样方法适用于爬行类和两栖类。通过布设一定大小的长方形或正方形的样方,调查并记录其中野生动物或其活动痕迹的方法。在调查样区内随机布设若干样方,至少四人同时从样方四边向样方中心行进,仔细搜索并记录发现的野生动物种类及数量,通过计数各个样方内野生动物数量,估计整个调查区域内野生动物数量。

5.集群地直接计数法

集群地直接计数法适用于集群栖息的鸟类,如越冬期候鸟。首先通过访问调查、查阅历史资料等确定野生动物集群时间、地点、范围等信息,并在地图上标出。在野生动物集群期间进行调查,记录集群地的位置、野生动物的种类及数量等信息。

6.笼捕、铗捕调查法

笼捕、铗捕调查法是针对小型劳亚食虫目和啮齿目这两个类群。本方法为在样线或样方内按固定间距设置活捕笼或铁铗的调查方法。

7.网捕法

网捕法适用于翼手目、鱼类的调查。对于翼手目,在动物经常出没的林道、狭窄水道上方布设网捕捉,以确定野生动物的种类和数量。对于鱼类,在水体区域利用抄网、撒网、地笼、饵钓等采样方法,进行调查。

第3章 珍稀濒危动物和新发现

一、物种多样性

丽水山峰众多,生态环境优越,为野生动物提供了良好的栖息环境,故野生动物资源丰富。本次野生动物编目调查研究结果显示,丽水市共有野生脊椎动物38目145科726种,其中鱼类6目19科120种,两栖类2目9科45种,爬行类2目14科72种,鸟类20目80科414种,兽类8目23科75种。野生脊椎动物种类较历史掌握数据(《丽水市森林湿地资源及生态效益公报2018》,简称《公报2018》)有了很大幅度的增加,物种增加数量多达221种,其中鱼类20种,两栖类10种,爬行类18种,鸟类155种,兽类18种,详见表3.1。

表 3.1　编目调查各门类物种统计

门类	《公报2018》			编目调查		
	目	科	种	目	科	种
鱼类	10	21	100	6	19	120
两栖类	2	7	35	2	9	45
爬行类	2	11	54	2	14	72
鸟类	15	48	259	20	80	414
兽类	8	23	57	8	23	75
合计	37	110	505	38	145	726

同时,根据《国家重点保护野生动物名录》(2021)、CITES附录Ⅰ及附录Ⅱ、《中国生物多样性红色名录》《IUCN红色名录》《浙江省重点保护陆生野生动物名录》等统计,丽水市内分布国家重点保护野生动物125种、浙江省重点保护野生动物85种、CITES附录Ⅱ及以上物种51种、《IUCN红色名录》濒危等级易危(VU)及以上物种45种、《中国生物多样性红色名录》濒危等级易危(VU)及以上物种83种。

二、国家重点保护野生动物

根据《国家重点保护野生动物名录》(2021),丽水市有国家重点保护野生动物125种,其中国家一级重点保护野生动物24种(见表3.2),国家二级重点保护野生动物101种(见表3.3)。按物种类别统计,鱼类1种,两栖类4种,爬行类7种,鸟类92种,兽类 21 种。

表 3.2　丽水市国家一级重点保护野生动物名录

序号	类别	中名	拉丁学名	备注
1	爬行类	鼋	*Pelochelys cantorii*	
2	鸟类	卷羽鹈鹕	*Pelecanus crispus*	
3	鸟类	黄嘴白鹭	*Egretta eulophotes*	
4	鸟类	海南鳽	*Gorsachius magnificus*	
5	鸟类	东方白鹳	*Ciconia boyciana*	
6	鸟类	黑脸琵鹭	*Platalea minor*	本次新增
7	鸟类	中华秋沙鸭	*Mergus squamatus*	
8	鸟类	乌雕	*Clanga clanga*	
9	鸟类	金雕	*Aquila chrysaetos*	
10	鸟类	黄腹角雉	*Tragopan caboti*	
11	鸟类	白颈长尾雉	*Syrmaticus ellioti*	
12	鸟类	白鹤	*Grus leucogeranus*	本次新增
13	鸟类	白头鹤	*Grus monacha*	本次新增
14	鸟类	小青脚鹬	*Tringa guttifer*	
15	鸟类	黄胸鹀	*Emberiza aureola*	
16	兽类	穿山甲	*Manis pentadactyla*	
17	兽类	豺 *	*Cuon alpinus*	
18	兽类	大灵猫 *	*Viverra zibetha*	
19	兽类	小灵猫	*Viverricula indica*	
20	兽类	金猫 *	*Pardofelis temminckii*	
21	兽类	云豹 *	*Neofelis nebulosa*	
22	兽类	金钱豹 *	*Panthera pardus*	
23	兽类	虎 *	*Panthera tigris*	
24	兽类	黑麂	*Muntiacus crinifrons*	

注:标"＊"者表示该物种历史上在丽水市有分布,但近 20 年来未再发现,下同。

表 3.3　丽水市国家二级重点保护野生动物名录

序号	类别	中名	拉丁学名	备注
1	鱼类	花鳗鲡	*Anguilla marmorata*	
2	两栖类	中国大鲵	*Andrias davidianus*	

续表

序号	类别	中名	拉丁学名	备注
3	两栖类	中国瘰螈	*Paramesotriton chinensis*	
4	两栖类	橙脊瘰螈	*Paramesotriton aurantius*	
5	两栖类	虎纹蛙	*Hoplobatrachus chinensis*	
6	爬行类	平胸龟	*Platysternon megacephalum*	
7	爬行类	黄喉拟水龟	*Mauremys mutica*	
8	爬行类	乌龟	*Mauremys reevesii*	
9	爬行类	黄缘闭壳龟	*Cuora flavomarginata*	
10	爬行类	脆蛇蜥	*Dopasia harti*	
11	爬行类	眼镜王蛇	*Ophiophagus hannah*	
12	鸟类	黑颈䴙䴘	*Podiceps nigricollis*	
13	鸟类	栗头鳽	*Gorsachius goisagi*	
14	鸟类	白琵鹭	*Platalea leucorodia*	本次新增
15	鸟类	小天鹅	*Cygnus columbianus*	本次新增
16	鸟类	鸿雁	*Anser cygnoides*	
17	鸟类	白额雁	*Anser albifrons*	本次新增
18	鸟类	棉凫	*Nettapus coromandelianus*	
19	鸟类	鸳鸯	*Aix galericulata*	
20	鸟类	花脸鸭	*Sibirionetta formosa*	
21	鸟类	鹗	*Pandion haliaetus*	本次新增
22	鸟类	黑冠鹃隼	*Aviceda leuphotes*	
23	鸟类	凤头蜂鹰	*Pernis ptilorhynchus*	本次新增
24	鸟类	黑翅鸢	*Elanus caeruleus*	本次新增
25	鸟类	黑鸢	*Milvus migrans*	
26	鸟类	栗鸢	*Haliastur indus*	本次新增
27	鸟类	蛇雕	*Spilornis cheela*	
28	鸟类	白腹鹞	*Circus spilonotus*	本次新增
29	鸟类	白尾鹞	*Circus cyaneus*	本次新增
30	鸟类	鹊鹞	*Circus melanoleucos*	
31	鸟类	凤头鹰	*Accipiter trivirgatus*	本次新增
32	鸟类	赤腹鹰	*Accipiter soloensis*	
33	鸟类	日本松雀鹰	*Accipiter gularis*	本次新增

序号	类别	中名	拉丁学名	备注
34	鸟类	松雀鹰	*Accipiter virgatus*	
35	鸟类	雀鹰	*Accipiter nisus*	
36	鸟类	苍鹰	*Accipiter gentilis*	
37	鸟类	灰脸鵟鹰	*Butastur indicus*	
38	鸟类	普通鵟	*Buteo japonicus*	
39	鸟类	大鵟	*Buteo hemilasius*	
40	鸟类	毛脚鵟	*Buteo lagopus*	
41	鸟类	林雕	*Ictinaetus malaiensis*	本次新增
42	鸟类	白腹隼雕	*Aquila fasciata*	
43	鸟类	靴隼雕	*Hieraaetus pennatus*	本次新增
44	鸟类	鹰雕	*Nisaetus nipalensis*	
45	鸟类	白腿小隼	*Microhierax melanoleucos*	
46	鸟类	红隼	*Falco tinnunculus*	
47	鸟类	红脚隼	*Falco amurensis*	
48	鸟类	灰背隼	*Falco columbarius*	
49	鸟类	燕隼	*Falco subbuteo*	
50	鸟类	游隼	*Falco peregrinus*	
51	鸟类	白眉山鹧鸪	*Arborophila gingica*	
52	鸟类	勺鸡	*Pucrasia macrolopha*	
53	鸟类	白鹇	*Lophura nycthemera*	
54	鸟类	水雉	*Hydrophasianus chirurgus*	
55	鸟类	半蹼鹬	*Limnodromus semipalmatus*	
56	鸟类	小杓鹬	*Numenius minutus*	本次新增
57	鸟类	白腰杓鹬	*Numenius arquata*	
58	鸟类	大杓鹬	*Numenius madagascariensis*	
59	鸟类	翻石鹬	*Arenaria interpres*	
60	鸟类	大滨鹬	*Calidris tenuirostris*	
61	鸟类	小鸥	*Hydrocoloeus minutus*	
62	鸟类	红翅绿鸠	*Treron sieboldii*	本次新增
63	鸟类	斑尾鹃鸠	*Macropygia unchall*	本次新增
64	鸟类	小鸦鹃	*Centropus bengalensis*	本次新增

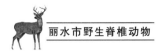

续表

序号	类别	中名	拉丁学名	备注
65	鸟类	草鸮	*Tyto longimembris*	
66	鸟类	领角鸮	*Otus lettia*	
67	鸟类	红角鸮	*Otus sunia*	
68	鸟类	黄嘴角鸮	*Otus spilocephalus*	本次新增
69	鸟类	雕鸮	*Bubo bubo*	
70	鸟类	褐林鸮	*Strix leptogrammica*	本次新增
71	鸟类	领鸺鹠	*Glaucidium brodiei*	
72	鸟类	斑头鸺鹠	*Glaucidium cuculoides*	
73	鸟类	日本鹰鸮	*Ninox japonica*	
74	鸟类	长耳鸮	*Asio otus*	
75	鸟类	短耳鸮	*Asio flammeus*	
76	鸟类	红头咬鹃	*Harpactes erythrocephalus*	
77	鸟类	白胸翡翠	*Halcyon smyrnensis*	
78	鸟类	蓝喉蜂虎	*Merops viridis*	
79	鸟类	仙八色鸫	*Pitta nympha*	本次新增
80	鸟类	云雀	*Alauda arvensis*	
81	鸟类	红喉歌鸲	*Calliope calliope*	
82	鸟类	蓝喉歌鸲	*Luscinia svecica*	
83	鸟类	白喉林鹟	*Cyornis brunneatus*	
84	鸟类	棕腹大仙鹟	*Niltava davidi*	
85	鸟类	棕噪鹛	*Garrulax poecilorhynchus*	
86	鸟类	画眉	*Garrulax canorus*	
87	鸟类	红嘴相思鸟	*Leiothrix lutea*	
88	鸟类	短尾鸦雀	*Neosuthora davidiana*	
89	鸟类	北朱雀	*Carpodacus roseus*	
90	兽类	猕猴	*Macaca mulatta*	
91	兽类	藏酋猴	*Macaca thibetana*	
92	兽类	狼 *	*Canis lupus*	
93	兽类	赤狐 *	*Vulpes vulpes*	
94	兽类	貉	*Nyctereutes procyonoides*	
95	兽类	黑熊	*Ursus thibetanus*	

续表

序号	类别	中名	拉丁学名	备注
96	兽类	黄喉貂	*Martes flavigula*	
97	兽类	水獭 *	*Lutra lutra*	
98	兽类	豹猫	*Prionailurus bengalensis*	
99	兽类	毛冠鹿	*Elaphodus cephalophus*	
100	兽类	中华斑羚	*Naemorhedus griseus*	
101	兽类	中华鬣羚	*Capricornis milneedwardsii*	

三、《濒危野生动植物种国际贸易公约》附录 I 及附录 II 物种

根据 CITES,丽水市内共有 CITES 附录 II 及以上物种 51 种,其中附录 I 物种有 18 种,附录 II 物种有 33 种(见表 3.4)。

表 3.4　丽水市 CITES 附录 I 及附录 II 物种

序号	类别	CITES 附录	中名	拉丁学名
1	两栖类	附录 I	中国大鲵	*Andrias davidianus*
2	爬行类	附录 II	鼋	*Pelochelys cantorii*
3	爬行类	附录 II	平胸龟	*Platysternon megacephalum*
4	爬行类	附录 II	黄喉拟水龟	*Mauremys mutica*
5	爬行类	附录 II	眼镜王蛇	*Ophiophagus hannah*
6	爬行类	附录 II	舟山眼镜蛇	*Naja atra*
7	爬行类	附录 II	灰鼠蛇	*Ptyas korros*
8	鸟类	附录 I	黄腹角雉	*Tragopan caboti*
9	鸟类	附录 I	白颈长尾雉	*Syrmaticus ellioti*
10	鸟类	附录 II	花脸鸭	*Sibirionetta formosa*
11	鸟类	附录 I	白鹤	*Grus leucogeranus*
12	鸟类	附录 I	白头鹤	*Grus monacha*
13	鸟类	附录 I	小青脚鹬	*Tringa guttifer*
14	鸟类	附录 I	东方白鹳	*Ciconia boyciana*
15	鸟类	附录 II	白琵鹭	*Platalea leucorodia*
16	鸟类	附录 I	卷羽鹈鹕	*Pelecanus crispus*
17	鸟类	附录 II	领角鸮	*Otus lettia*
18	鸟类	附录 II	红角鸮	*Otus sunia*
19	鸟类	附录 II	黄嘴角鸮	*Otus spilocephalus*
20	鸟类	附录 II	雕鸮	*Bubo bubo*
21	鸟类	附录 II	褐林鸮	*Strix leptogrammica*

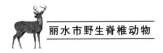

续表

序号	类别	CITES 附录	中名	拉丁学名
22	鸟类	附录Ⅱ	领鸺鹠	*Glaucidium brodiei*
23	鸟类	附录Ⅱ	斑头鸺鹠	*Glaucidium cuculoides*
24	鸟类	附录Ⅱ	日本鹰鸮	*Ninox japonica*
25	鸟类	附录Ⅱ	长耳鸮	*Asio otus*
26	鸟类	附录Ⅱ	短耳鸮	*Asio flammeus*
27	鸟类	附录Ⅱ	草鸮	*Tyto longimembris*
28	鸟类	附录Ⅱ	白腿小隼	*Microhierax melanoleucos*
29	鸟类	附录Ⅱ	红隼	*Falco tinnunculus*
30	鸟类	附录Ⅱ	红脚隼	*Falco amurensis*
31	鸟类	附录Ⅱ	灰背隼	*Falco columbarius*
32	鸟类	附录Ⅱ	燕隼	*Falco subbuteo*
33	鸟类	附录Ⅰ	游隼	*Falco peregrinus*
34	鸟类	附录Ⅱ	仙八色鸫	*Pitta nympha*
35	鸟类	附录Ⅱ	画眉	*Garrulax canorus*
36	鸟类	附录Ⅱ	红嘴相思鸟	*Leiothrix lutea*
37	兽类	附录Ⅱ	猕猴	*Macaca mulatta*
38	兽类	附录Ⅱ	藏酋猴	*Macaca thibetana*
39	兽类	附录Ⅰ	穿山甲	*Manis pentadactyla*
40	兽类	附录Ⅱ	狼 *	*Canis lupus*
41	兽类	附录Ⅱ	豺 *	*Cuon alpinus*
42	兽类	附录Ⅰ	黑熊	*Ursus thibetanus*
43	兽类	附录Ⅱ	水獭 *	*Lutra lutra*
44	兽类	附录Ⅱ	豹猫	*Prionailurus bengalensis*
45	兽类	附录Ⅰ	金猫 *	*Pardofelis temminckii*
46	兽类	附录Ⅰ	云豹 *	*Neofelis nebulosa*
47	兽类	附录Ⅰ	金钱豹 *	*Panthera pardus*
48	兽类	附录Ⅰ	虎 *	*Panthera tigris*
49	兽类	附录Ⅰ	黑麂	*Muntiacus crinifrons*
50	兽类	附录Ⅰ	中华斑羚	*Naemorhedus griseus*
51	兽类	附录Ⅰ	中华鬣羚	*Capricornis milneedwardsii*

四、《世界自然保护联盟濒危物种红色名录》易危及以上物种

根据《IUCN 红色名录》，丽水市有易危（VU）及以上物种 45 种，其中极危（CR）3 种，濒危（EN）16 种，易危（VU）26 种（见表 3.5）。

表 3.5　丽水市《IUCN 红色名录》易危及以上物种

序号	类别	濒危等级	中名	拉丁学名
1	鱼类	EN	鳗鲡	*Anguilla japonica*
2	鱼类	VU	鲤	*Cyprinus carpio*
3	两栖类	CR	中国大鲵	*Andrias davidianus*
4	两栖类	VU	九龙棘蛙	*Quasipaa jiulongensis*
5	两栖类	VU	小棘蛙	*Quasipaa exilispinosa*
6	两栖类	VU	棘胸蛙	*Quasipaa spinosa*
7	两栖类	VU	凹耳臭蛙	*Odorrana tormota*
8	爬行类	EN	鼋	*Pelochelys cantorii*
9	爬行类	VU	中华鳖	*Pelodiscus sinensis*
10	爬行类	EN	平胸龟	*Platysternon megacephalum*
11	爬行类	EN	黄喉拟水龟	*Mauremys mutica*
12	爬行类	EN	乌龟	*Mauremys reevesii*
13	爬行类	EN	黄缘闭壳龟	*Cuora flavomarginata*
14	爬行类	VU	眼镜王蛇	*Ophiophagus hannah*
15	爬行类	VU	舟山眼镜蛇	*Naja atra*
16	鸟类	VU	黄腹角雉	*Tragopan caboti*
17	鸟类	VU	鸿雁	*Anser cygnoides*
18	鸟类	VU	红头潜鸭	*Aythya ferina*
19	鸟类	VU	斑脸海番鸭	*Melanitta fusca*
20	鸟类	EN	中华秋沙鸭	*Mergus squamatus*
21	鸟类	VU	白头鹤	*Grus monacha*
22	鸟类	EN	大杓鹬	*Numenius madagascariensis*
23	鸟类	EN	小青脚鹬	*Tringa guttifer*
24	鸟类	EN	大滨鹬	*Calidris tenuirostris*
25	鸟类	VU	三趾鸥	*Rissa tridactyla*
26	鸟类	EN	东方白鹳	*Ciconia boyciana*

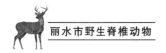

续表

序号	类别	濒危等级	中名	拉丁学名
27	鸟类	EN	黑脸琵鹭	*Platalea minor*
28	鸟类	VU	黄嘴白鹭	*Egretta eulophotes*
29	鸟类	EN	栗头鳽	*Gorsachius goisagi*
30	鸟类	EN	海南鳽	*Gorsachius magnificus*
31	鸟类	VU	乌雕	*Clanga clanga*
32	鸟类	VU	仙八色鸫	*Pitta nympha*
33	鸟类	VU	白喉林鹟	*Cyornis brunneatus*
34	鸟类	VU	田鹀	*Emberiza rustica*
35	鸟类	CR	黄胸鹀	*Emberiza aureola*
36	鸟类	VU	硫黄鹀	*Emberiza sulphurata*
37	兽类	CR	穿山甲	*Manis pentadactyla*
38	兽类	EN	豺 *	*Cuon alpinus*
39	兽类	VU	黑熊	*Ursus thibetanus*
40	兽类	VU	云豹 *	*Neofelis nebulosa*
41	兽类	VU	金钱豹 *	*Panthera pardus*
42	兽类	EN	虎 *	*Panthera tigris*
43	兽类	VU	黑麂	*Muntiacus crinifrons*
44	兽类	VU	中华斑羚	*Naemorhedus griseus*
45	兽类	VU	大足鼠耳蝠	*Myotis pilosus*

五、《中国生物多样性红色名录——脊椎动物卷》易危及以上物种

根据《中国生物多样性红色名录》,丽水市有易危(VU)及以上物种82种,其中极危(CR)9种,濒危(EN)29种,易危(VU)44种(见表3.6)。

表3.6 丽水市《中国生物多样性红色名录》易危及以上物种

序号	类别	濒危等级	中名	拉丁学名
1	鱼类	EN	鳗鲡	*Anguilla japonica*
2	鱼类	EN	花鳗鲡	*Anguilla marmorata*
3	鱼类	VU	黑线鳘	*Atrilinea roulei*
4	鱼类	VU	长麦穗鱼	*Pseudorasbora elongata*
5	两栖类	CR	中国大鲵	*Andrias davidianus*
6	两栖类	EN	虎纹蛙	*Hoplobatrachus chinensis*

序号	类别	濒危等级	中名	拉丁学名
7	两栖类	VU	九龙棘蛙	*Quasipaa jiulongensis*
8	两栖类	VU	小棘蛙	*Quasipaa exilispinosa*
9	两栖类	VU	棘胸蛙	*Quasipaa spinosa*
10	两栖类	VU	凹耳臭蛙	*Odorrana tormota*
11	爬行类	CR	鼋	*Pelochelys cantorii*
12	爬行类	EN	中华鳖	*Pelodiscus sinensis*
13	爬行类	CR	平胸龟	*Platysternon megacephalum*
14	爬行类	EN	黄喉拟水龟	*Mauremys mutica*
15	爬行类	EN	乌龟	*Mauremys reevesii*
16	爬行类	CR	黄缘闭壳龟	*Cuora flavomarginata*
17	爬行类	EN	崇安草蜥	*Takydromus sylvaticus*
18	爬行类	EN	脆蛇蜥	*Dopasia harti*
19	爬行类	VU	白头蝰	*Azemiops kharini*
20	爬行类	EN	尖吻蝮	*Deinagkistrodon acutus*
21	爬行类	VU	中国沼蛇	*Myrrophis chinensis*
22	爬行类	VU	铅色蛇	*Hypsiscopus plumbea*
23	爬行类	VU	中华珊瑚蛇	*Sinomicrurus macclellandi*
24	爬行类	EN	眼镜王蛇	*Ophiophagus hannah*
25	爬行类	VU	舟山眼镜蛇	*Naja atra*
26	爬行类	EN	银环蛇	*Bungarus multicinctus*
27	爬行类	VU	滑鼠蛇	*Ptyas mucosus*
28	爬行类	EN	灰鼠蛇	*Ptyas korros*
29	爬行类	VU	乌梢蛇	*Ptyas dhumnades*
30	爬行类	VU	玉斑蛇	*Euprepiophis mandarinus*
31	爬行类	EN	黑眉锦蛇	*Elaphe taeniura*
32	爬行类	EN	王锦蛇	*Elaphe carinata*
33	爬行类	VU	赤链华游蛇	*Sinonatrix annularis*
34	爬行类	VU	乌华游蛇	*Sinonatrix percarinata*
35	爬行类	VU	环纹华游蛇	*Sinonatrix aequifasciata*
36	鸟类	VU	白眉山鹧鸪	*Arborophila gingica*
37	鸟类	EN	黄腹角雉	*Tragopan caboti*

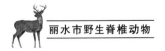

续表

序号	类别	濒危等级	中名	拉丁学名
38	鸟类	VU	白颈长尾雉	*Syrmaticus ellioti*
39	鸟类	VU	鸿雁	*Anser cygnoides*
40	鸟类	EN	棉凫	*Nettapus coromandelianus*
41	鸟类	EN	中华秋沙鸭	*Mergus squamatus*
42	鸟类	CR	白鹤	*Grus leucogeranus*
43	鸟类	EN	白头鹤	*Grus monacha*
44	鸟类	VU	大杓鹬	*Numenius madagascariensis*
45	鸟类	EN	小青脚鹬	*Tringa guttifer*
46	鸟类	VU	大滨鹬	*Calidris tenuirostris*
47	鸟类	EN	东方白鹳	*Ciconia boyciana*
48	鸟类	VU	黄嘴白鹭	*Egretta eulophotes*
49	鸟类	EN	海南鸦	*Gorsachius magnificus*
50	鸟类	EN	卷羽鹈鹕	*Pelecanus crispus*
51	鸟类	VU	栗鸢	*Haliastur indus*
52	鸟类	VU	大鵟	*Buteo hemilasius*
53	鸟类	VU	林雕	*Ictinaetus malaiensis*
54	鸟类	EN	乌雕	*Clanga clanga*
55	鸟类	VU	金雕	*Aquila chrysaetos*
56	鸟类	VU	白腹隼雕	*Aquila fasciata*
57	鸟类	VU	靴隼雕	*Hieraaetus pennatus*
58	鸟类	VU	白腿小隼	*Microhierax melanoleucos*
59	鸟类	VU	仙八色鸫	*Pitta nympha*
60	鸟类	EN	白喉矶鸫	*Monticola gularis*
61	鸟类	VU	白喉林鹟	*Cyornis brunneatus*
62	鸟类	EN	黄胸鹀	*Emberiza aureola*
63	鸟类	VU	硫黄鹀	*Emberiza sulphurata*
64	兽类	VU	藏酋猴	*Macaca thibetana*
65	兽类	CR	穿山甲	*Manis pentadactyla*
66	兽类	VU	红背鼯鼠	*Petaurista petaurista*
67	兽类	EN	豺 *	*Cuon alpinus*
68	兽类	VU	黑熊	*Ursus thibetanus*

续表

序号	类别	濒危等级	中名	拉丁学名
69	兽类	EN	水獭 *	*Lutra lutra*
70	兽类	VU	大灵猫 *	*Viverra zibetha*
71	兽类	VU	小灵猫	*Viverricula indica*
72	兽类	VU	豹猫	*Prionailurus bengalensis*
73	兽类	CR	金猫 *	*Pardofelis temminckii*
74	兽类	CR	云豹 *	*Neofelis nebulosa*
75	兽类	EN	金钱豹 *	*Panthera pardus*
76	兽类	CR	虎 *	*Panthera tigris*
77	兽类	VU	毛冠鹿	*Elaphodus cephalophus*
78	兽类	EN	黑麂	*Muntiacus crinifrons*
79	兽类	VU	小麂	*Muntiacus reevesi*
80	兽类	VU	中华斑羚	*Naemorhedus griseus*
81	兽类	VU	中华鬣羚	*Capricornis milneedwardsii*
82	兽类	VU	无尾蹄蝠	*Coelops hirsutus*

六、浙江省重点保护野生动物

根据《浙江省重点保护陆生野生动物名录》,丽水市有浙江省重点保护野生动物85 种,其中两栖类 17 种,爬行类 9 种,鸟类 52 种,兽类 7 种(见表 3.7)。

表 3.7　丽水市浙江省重点保护野生动物

序号	类别	保护等级	中名	拉丁学名
1	两栖类	省重点	秉志肥螈	*Pachytriton granulosus*
2	两栖类	省重点	东方蝾螈	*Cynops orientalis*
3	两栖类	省重点	崇安髭蟾	*Leptobrachium liui*
4	两栖类	省重点	中国雨蛙	*Hyla chinensis*
5	两栖类	省重点	三港雨蛙	*Hyla sanchiangensis*
6	两栖类	省重点	华南雨蛙	*Hyla simplex*
7	两栖类	省重点	九龙棘蛙	*Quasipaa jiulongensis*
8	两栖类	省重点	小棘蛙	*Quasipaa exilispinosa*
9	两栖类	省重点	棘胸蛙	*Quasipaa spinosa*
10	两栖类	省重点	崇安湍蛙	*Amolops chunganensis*
11	两栖类	省重点	天台粗皮蛙	*Glandirana tientaiensis*

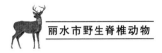

续表

序号	类别	保护等级	中名	拉丁学名
12	两栖类	省重点	沼水蛙	*Hylarana guentheri*
13	两栖类	省重点	天目臭蛙	*Odorrana tianmuii*
14	两栖类	省重点	大绿臭蛙	*Odorrana graminea*
15	两栖类	省重点	凹耳臭蛙	*Odorrana tormota*
16	两栖类	省重点	布氏泛树蛙	*Polypedates braueri*
17	两栖类	省重点	大树蛙	*Zhangixalus dennysi*
18	爬行类	省重点	宁波滑蜥	*Scincella modesta*
19	爬行类	省重点	崇安草蜥	*Takydromus sylvaticus*
20	爬行类	省重点	白头蝰	*Azemiops kharini*
21	爬行类	省重点	尖吻蝮	*Deinagkistrodon acutus*
22	爬行类	省重点	舟山眼镜蛇	*Naja atra*
23	爬行类	省重点	灰鼠蛇	*Ptyas korros*
24	爬行类	省重点	玉斑蛇	*Euprepiophis mandarinus*
25	爬行类	省重点	黑眉锦蛇	*Elaphe taeniurus*
26	爬行类	省重点	王锦蛇	*Elaphe carinata*
27	鸟类	省重点	凤头䴙䴘	*Podiceps cristatus*
28	鸟类	省重点	豆雁	*Anser fabalis*
29	鸟类	省重点	短嘴豆雁	*Anser serrirostris*
30	鸟类	省重点	灰雁	*Anser anser*
31	鸟类	省重点	赤麻鸭	*Tadorna ferruginea*
32	鸟类	省重点	赤颈鸭	*Mareca penelope*
33	鸟类	省重点	罗纹鸭	*Mareca falcata*
34	鸟类	省重点	赤膀鸭	*Mareca strepera*
35	鸟类	省重点	绿翅鸭	*Anas crecca*
36	鸟类	省重点	绿头鸭	*Anas platyrhynchos*
37	鸟类	省重点	斑嘴鸭	*Anas zonorhyncha*
38	鸟类	省重点	针尾鸭	*Anas acuta*
39	鸟类	省重点	白眉鸭	*Spatula querquedula*
40	鸟类	省重点	琵嘴鸭	*Spatula clypeata*
41	鸟类	省重点	红头潜鸭	*Aythya ferina*
42	鸟类	省重点	白眼潜鸭	*Aythya nyroca*

续表

序号	类别	保护等级	中名	拉丁学名
43	鸟类	省重点	凤头潜鸭	*Aythya fuligula*
44	鸟类	省重点	斑背潜鸭	*Aythya marila*
45	鸟类	省重点	斑脸海番鸭	*Melanitta fusca*
46	鸟类	省重点	红胸秋沙鸭	*Mergus serrator*
47	鸟类	省重点	普通秋沙鸭	*Mergus merganser*
48	鸟类	省重点	灰胸秧鸡	*Lewinia striata*
49	鸟类	省重点	黑尾鸥	*Larus crassirostris*
50	鸟类	省重点	红翅凤头鹃	*Clamator coromandus*
51	鸟类	省重点	大鹰鹃	*Hierococcyx sparverioides*
52	鸟类	省重点	北棕腹鹰鹃	*Hierococcyx hyperythrus*
53	鸟类	省重点	八声杜鹃	*Cacomantis merulinus*
54	鸟类	省重点	四声杜鹃	*Cuculus micropterus*
55	鸟类	省重点	大杜鹃	*Cuculus canorus*
56	鸟类	省重点	中杜鹃	*Cuculus saturatus*
57	鸟类	省重点	小杜鹃	*Cuculus poliocephalus*
58	鸟类	省重点	噪鹃	*Eudynamys scolopaceus*
59	鸟类	省重点	三宝鸟	*Eurystomus orientalis*
60	鸟类	省重点	戴胜	*Upupa epops*
61	鸟类	省重点	蚁䴕	*Jynx torquilla*
62	鸟类	省重点	斑姬啄木鸟	*Picumnus innominatus*
63	鸟类	省重点	星头啄木鸟	*Dendrocopos canicapillus*
64	鸟类	省重点	大斑啄木鸟	*Dendrocopos major*
65	鸟类	省重点	灰头绿啄木鸟	*Picus canus*
66	鸟类	省重点	黄嘴栗啄木鸟	*Blythipicus pyrrhotis*
67	鸟类	省重点	栗啄木鸟	*Micropternus brachyurus*
68	鸟类	省重点	小太平鸟	*Bombycilla japonica*
69	鸟类	省重点	虎纹伯劳	*Lanius tigrinus*
70	鸟类	省重点	牛头伯劳	*Lanius bucephalus*
71	鸟类	省重点	红尾伯劳	*Lanius cristatus*
72	鸟类	省重点	棕背伯劳	*Lanius schach*
73	鸟类	省重点	楔尾伯劳	*Lanius sphenocercus*

续表

序号	类别	保护等级	中名	拉丁学名
74	鸟类	省重点	黑枕黄鹂	*Oriolus chinensis*
75	鸟类	省重点	寿带	*Terpsiphone incei*
76	鸟类	省重点	普通鳾	*Sitta europaea*
77	鸟类	省重点	红胸啄花鸟	*Dicaeum ignipectus*
78	鸟类	省重点	叉尾太阳鸟	*Aethopyga christinae*
79	兽类	省重点	黑白飞鼠	*Hylopetes alboniger*
80	兽类	省重点	红背鼯鼠	*Petaurista petaurista*
81	兽类	省重点	中国豪猪	*Hystrix hodgsoni*
82	兽类	省重点	黄腹鼬	*Mustela kathiah*
83	兽类	省重点	黄鼬	*Mustela sibirica*
84	兽类	省重点	果子狸	*Paguma larvata*
85	兽类	省重点	食蟹獴	*Herpestes urva*

七、分布新记录物种

本次编目调查的成果之一是在丽水市境内发现在以往调查和文献资料中均没有记录的物种,即分布新记录物种21种,其中鱼类12种,两栖类3种,爬行类1种,鸟类4种,兽类1种。此外,无尾蹄蝠、黑眉拟啄木鸟、黄嘴角鸮、楔尾鹱、寒露林蛙、橙脊瘰螈等6种是浙江省分布新记录物种(见表3.8)。

表 3.8 丽水市分布新记录物种

序号	中名	拉丁学名	备注
鱼类			
1	长鳍马口鱼	*Opsariichthys evolans*	丽水新记录
2	尖头大吻鱥	*Rhynchocypris oxycephalus*	丽水新记录
3	齐氏田中鳑鲏	*Tanakia chii*	丽水新记录
4	衢江花鳅	*Cobitis qujiangensis*	丽水新记录
5	达氏台鳅	*Formosania davidi*	丽水新记录
6	纵纹原缨口鳅	*Vanmanenia caldwelli*	丽水新记录
7	无斑吻虾虎鱼	*Rhinogobius immaculatus*	丽水新记录
8	黑吻虾虎鱼	*Rhinogobius niger*	丽水新记录
9	乌岩岭吻虾虎鱼	*Rhinogobius wuyanlingensis*	丽水新记录
10	武义吻虾虎鱼	*Rhinogobius wuyiensis*	丽水新记录
11	颊纹吻虾虎鱼	*Rhinogobius genanematus*	丽水新记录
12	网纹吻虾虎鱼	*Rhinogobius reticulatus*	丽水新记录

序号	中名	拉丁学名	备注
两栖类			
13	北仑姬蛙	*Microhyla beilunensis*	丽水新记录
14	寒露林蛙	*Rana hanluica*	浙江新记录
15	橙脊瘰螈	*Paramesotriton aurantius*	浙江新记录
爬行类			
16	股鳞蜓蜥	*Sphenomorphus incognitus*	丽水新记录
鸟类			
17	黑眉拟啄木鸟	*Psilopogon faber*	浙江新记录
18	楔尾鹱	*Ardenna pacificus*	浙江新记录
19	黄嘴角鸮	*Otus spilocephalus*	浙江新记录
20	黑脸琵鹭	*Platalea minor*	丽水新记录
兽类			
21	无尾蹄蝠	*Coelops hirsutus*	浙江新记录

第4章 鱼类编目

丽水市境内有瓯江、钱塘江、飞云江、灵江、闽江、交溪水系,与山脉走向平行。仙霞岭是瓯江水系与钱塘江水系的分水岭;洞宫山是瓯江水系与闽江、飞云江、交溪水系的分水岭;括苍山是瓯江水系与灵江水系的分水岭。各河流两岸地形陡峻,江溪源短流急,河床切割较深,水位暴涨暴落,属山溪性河流,溪流与河流生境众多,使得丽水境内的淡水鱼类物种多样性水平极高。

根据丽水市野生动物编目调查及各方面文献、数据资料,丽水市共分布土著鱼类6目19科120种。土著鱼类以鲤形目鱼类为多,共81种,占鱼类总数的67.50%;鲈形目鱼类次之,共24种,占鱼类总数的20.00%;鲇形目鱼类9种,占鱼类总数的7.50%;鳗鲡目、颌针鱼目、合鳃鱼目均为2种,各占鱼类总数的1.67%。

一、鳗鲡目 ANGUILLIFORMES

1. 鳗鲡

鳗鲡 *Anguilla japonica* Temminck & Schlegel,1846

科:鳗鲡科 Anguillidae

生境:河流、湖泊等

分布:丽水各水系

保护等级:无

《IUCN 红色名录》:EN

《中国生物多样性红色名录》:EN

数据来源:《浙江动物志》编辑委员会,1991;练青平等,2012;洪起平等,2007

2. 花鳗鲡

花鳗鲡 *Anguilla marmorata* Quoy & Gaimard,1824

科:鳗鲡科 Anguillidae

生境:河流、湖泊等

分布:丽水各水系

保护等级:国家二级重点保护野生动物

《IUCN 红色名录》:LC

《中国生物多样性红色名录》:EN

数据来源:《浙江动物志》编辑委员会,1991

二、鲤形目 CYPRINIFORMES

3. 中华细鲫

中华细鲫 *Aphyocypris chinensis* Günther,1868

科:鲤科 Cyprinidae

生境:沟渠、池塘、水田等小水域,河流的缓流河段

分布:丽水各水系

保护等级:无

《IUCN 红色名录》:LC

《中国生物多样性红色名录》:LC

数据来源:《浙江动物志》编辑委员会,1991;丽水市野生动物编目调查

4. 马口鱼

马口鱼 *Opsariichthys bidens* Günther,1873

科:鲤科 Cyprinidae

生境:溪流、河流以及湖泊

分布:丽水各水系

保护等级:无

《IUCN 红色名录》:LC

《中国生物多样性红色名录》:LC

数据来源:《浙江动物志》编辑委员会,1991;练青平等,2012;潘金贵等,1996;洪起平等,2007;丽水市野生动物编目调查

5. 长鳍马口鱼

长鳍马口鱼 *Opsariichthys evolans* (Jordan & Evermann,1902)

科:鲤科 Cyprinidae

生境:溪流、河流以及湖泊

分布:丽水各水系

保护等级:无

《IUCN 红色名录》:NE

《中国生物多样性红色名录》:LC

数据来源:丽水市野生动物编目调查

6. 宽鳍鱲

宽鳍鱲 *Zacco platypus* Temminck & Schlegel,1846

科:鲤科 Cyprinidae

生境:主要栖息于溪流与河流上游

分布:丽水各水系

保护等级:无

《IUCN 红色名录》:NE

《中国生物多样性红色名录》:LC

数据来源:《浙江动物志》编辑委员会,1991;练青平等,2012;潘金贵等,1996;洪起平等,2007;丽水市野生动物编目调查

7. 黑线鳘

黑线鳘 *Atrilinea roulei* (Wu,1931)

科:鲤科 Cyprinidae

生境:溪流

分布:瓯江与钱塘江水系上游

保护等级:无

《IUCN 红色名录》:LC

《中国生物多样性红色名录》:VU

数据来源:陈宜瑜,1998;洪起平等,2007

8. 草鱼

草鱼 *Ctenopharyngodon idella* (Valenciennes,1844)

科:鲤科 Cyprinidae

生境:河流、湖泊等

分布:丽水各水系

保护等级:无

《IUCN 红色名录》:NE

《中国生物多样性红色名录》:LC

数据来源:《浙江动物志》编辑委员会,1991;练青平等,2012;丽水市野生动物编目调查

9. 鳡

鳡 *Elopichthys bambusa* (Richardson,1845)

科:鲤科 Cyprinidae

生境:河流、湖泊等

分布:丽水各水系

保护等级:无

《IUCN 红色名录》:DD

《中国生物多样性红色名录》:LC

数据来源:《浙江动物志》编辑委员会,1991;丽水市野生动物编目调查

10. 青鱼

青鱼 *Mylopharyngodon piceus* (Richardson,1846)

科:鲤科 Cyprinidae

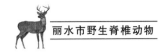

生境:河流、湖泊等

分布:丽水各水系

保护等级:无

《IUCN 红色名录》:DD

《中国生物多样性红色名录》:LC

数据来源:《浙江动物志》编辑委员会,1991;练青平等,2012;丽水市野生动物编目调查

11. 尖头大吻鳄

尖头大吻鳄 *Rhynchocypris oxycephalus* (Sauvage & Dabry de Thiersant,1874)

科:鲤科 Cyprinidae

生境:溪流与高山湿地

分布:丽水各水系源头地区

保护等级:无

《IUCN 红色名录》:NE

《中国生物多样性红色名录》:LC

数据来源:丽水市野生动物编目调查

12 赤眼鳟

赤眼鳟 *Squaliobarbus curriculus* (Richardson,1846)

科:鲤科 Cyprinidae

生境:河流、湖泊等

分布:丽水各水系

保护等级:无

《IUCN 红色名录》:DD

《中国生物多样性红色名录》:LC

数据来源:《浙江动物志》编辑委员会,1991;练青平等,2012;丽水市野生动物编目调查

13. 达氏鲌

达氏鲌 *Culter dabryi* Bleeker,1871

科:鲤科 Cyprinidae

生境:河流、湖泊等

分布:丽水各水系

保护等级:无

《IUCN 红色名录》:LC

《中国生物多样性红色名录》:LC

数据来源:《浙江动物志》编辑委员会,1991

14. 红鳍鲌

红鳍鲌 *Culter erythropterus* Basilewsky,1855

科:鲤科 Cyprinidae

生境:河流、湖泊等

分布:丽水各水系

保护等级:无

《IUCN 红色名录》:LC

《中国生物多样性红色名录》:LC

数据来源:《浙江动物志》编辑委员会,1991;丽水市野生动物编目调查

15. 蒙古鲌

蒙古鲌 *Culter mongolicus* (Basilewsky,1855)

科:鲤科 Cyprinidae

生境:河流、湖泊等

分布:丽水各水系

保护等级:无

《IUCN 红色名录》:LC

《中国生物多样性红色名录》:LC

数据来源:《浙江动物志》编辑委员会,1991;练青平等,2012;丽水市野生动物编目调查

16. 翘嘴鲌

翘嘴鲌 *Culter alburnus* Basilewsky,1855

科:鲤科 Cyprinidae

生境:河流、湖泊等

分布:丽水各水系

保护等级:无

《IUCN 红色名录》:NE

《中国生物多样性红色名录》:LC

数据来源:《浙江动物志》编辑委员会,1991;练青平等,2012;丽水市野生动物编目调查

17. 贝氏鳘

贝氏鳘 *Hemiculter bleekeri*
Warpachowski,1888

科:鲤科 Cyprinidae

生境:河流、湖泊等

分布:丽水各水系

保护等级:无

《IUCN 红色名录》:NE

《中国生物多样性红色名录》:LC

数据来源:《浙江动物志》编辑委员会,1991;丽水市野生动物编目调查

18. 鳘

鳘 *Hemiculter leucisculus*（Basilewsky,1855）

科:鲤科 Cyprinidae

生境:河流、湖泊等

分布:丽水各水系

保护等级:《浙江动物志》编辑委员会,1991;丽水市野生动物编目调查

《IUCN 红色名录》:LC

《中国生物多样性红色名录》:LC

数据来源:《浙江动物志》编辑委员会,1991;潘金贵等,1996;丽水市野生动物编目调查

19. 伍氏半鳘

伍氏半鳘 *Hemiculterella wui*（Wang,1935）

科:鲤科 Cyprinidae

生境:较大的溪流中

分布:钱塘江水系上游

保护等级:无

《IUCN 红色名录》:NE

《中国生物多样性红色名录》:LC

数据来源:陈宜瑜,1998;练青平等,2012

20. 鲂

鲂 *Megalobrama mantschuricus*（Basilewsky,1855）

科:鲤科 Cyprinidae

生境:河流、湖泊等

分布:丽水各水系

保护等级:无

《IUCN 红色名录》:NE

《中国生物多样性红色名录》:LC

数据来源:陈宜瑜,1998;《浙江动物志》编辑委员会,1991;丽水市野生动物编目调查

21. 鳊

鳊 *Parabramis pekinensis*（Basilewsky,1855）

科:鲤科 Cyprinidae

生境:河流、湖泊等

分布:丽水各水系

保护等级:无

《IUCN 红色名录》:NE

《中国生物多样性红色名录》:LC

数据来源:《浙江动物志》编辑委员会,1991;丽水市野生动物编目调查

22. 南方拟鳘

南方拟鳘 *Pseudohemiculter dispar*（Peters,1880）

科:鲤科 Cyprinidae

生境:山区溪流与湖泊

分布:钱塘江水系上游

保护等级:无

《IUCN 红色名录》:LC

《中国生物多样性红色名录》:LC

数据来源:潘金贵等,1996

23. 海南拟鳘

海南拟鳘 *Pseudohemiculter hainanensis*（Boulenger,1900）

科:鲤科 Cyprinidae

生境:山区溪流与湖泊

分布:钱塘江与瓯江水系上游

保护等级:无

《IUCN 红色名录》:LC

《中国生物多样性红色名录》:LC

数据来源:陈宜瑜,1998;潘金贵等,1996;《浙江动物志》编辑委员会,1991;洪起平等,2007

24. 寡鳞飘鱼

寡鳞飘鱼 *Pseudolaubuca engraulis*(Nichols,1925)

科:鲤科 Cyprinidae

生境:溪流、河流与湖泊

分布:瓯江水系

保护等级:无

《IUCN 红色名录》:LC

《中国生物多样性红色名录》:LC

数据来源:陈宜瑜,1998

25. 银飘鱼

银飘鱼 *Pseudolaubuca sinensis* Bleeker,1864

科:鲤科 Cyprinidae

生境:溪流、河流与湖泊

分布:钱塘江水系

保护等级:无

《IUCN 红色名录》:LC

《中国生物多样性红色名录》:LC

数据来源:陈宜瑜,1998

26. 大眼华鳊

大眼华鳊 *Sinibrama macrops*(Günther,1868)

科:鲤科 Cyprinidae

生境:生境:溪流、河流与湖泊

分布:丽水各水系

保护等级:无

《IUCN 红色名录》:LC

《中国生物多样性红色名录》:LC

数据来源:陈宜瑜,1998;练青平等,2012;洪起平等,2007;丽水市野生动物编目调查

27. 似鳊

似鳊 *Toxabramis swinhonis* Günther,1873

科:鲤科 Cyprinidae

生境:溪流、河流与湖泊

分布:丽水各水系

保护等级:无

《IUCN 红色名录》:NE

《中国生物多样性红色名录》:LC

数据来源:《浙江动物志》编辑委员会,1991

28. 圆吻鲷

圆吻鲷 *Distoechodon tumirostris* Peters,1881

科:鲤科 Cyprinidae

生境:溪流、河流与湖泊

分布:丽水各水系

保护等级:无

《IUCN 红色名录》:LC

《中国生物多样性红色名录》:LC

数据来源:《浙江动物志》编辑委员会,1991;练青平等,2012;洪起平等,2007;丽水市野生动物编目调查

29. 似鳊

似鳊 *Pseudobrama simoni*(Bleeker,1864)

科:鲤科 Cyprinidae

生境:溪流、河流与湖泊

分布:丽水各水系

保护等级:无

《IUCN 红色名录》:NE

《中国生物多样性红色名录》:LC

数据来源:《浙江动物志》编辑委员会,1991;练青平等,2012;丽水市野生动物编目调查

30. 银鲴

银鲴 *Xenocypris macrolepis* Bleeker,1871

科:鲤科 Cyprinidae

生境:溪流、河流与湖泊

分布:丽水各水系

保护等级:无

《IUCN 红色名录》:LC

《中国生物多样性红色名录》:LC

数据来源:《浙江动物志》编辑委员会,1991;丽水市野生动物编目调查

31. 黄尾鲴

黄尾鲴 *Xenocypris davidi* Bleeker,1871

科:鲤科 Cyprinidae

生境:河流与湖泊

分布:丽水各水系

保护等级:无

《IUCN 红色名录》:NE

《中国生物多样性红色名录》:LC

数据来源:《浙江动物志》编辑委员会,1991;练青平等,2012;丽水市野生动物编目调查

32. 细鳞鲴

细鳞鲴 *Plagiognathops microlepis* (Bleeker,1871)

科:鲤科 Cyprinidae

生境:河流与湖泊

分布:丽水各水系

保护等级:无

《IUCN 红色名录》:LC

《中国生物多样性红色名录》:LC

数据来源:《浙江动物志》编辑委员会,1991

33. 鳙

鳙 *Hypophthalmichthys nobilis* (Richardson,1845)

科:鲤科 Cyprinidae

生境:河流与湖泊

分布:丽水各水系

保护等级:无

《IUCN 红色名录》:DD

《中国生物多样性红色名录》:LC

数据来源:《浙江动物志》编辑委员会,1991;练青平等,2012;丽水市野生动物编目调查

34. 鲢

鲢 *Hypophthalmichthys molitrix* (Valenciennes,1844)

科:鲤科 Cyprinidae

生境:河流与湖泊

分布:丽水各水系

保护等级:无

《IUCN 红色名录》:NT

《中国生物多样性红色名录》:LC

数据来源:《浙江动物志》编辑委员会,1991;练青平等,2012;丽水市野生动物编目调查

35. 兴凯鱊

兴凯鱊 *Acheilognathus chankaensis* (Dybowski,1872)

科:鲤科 Cyprinidae

生境:河流与湖泊

分布:丽水各水系

保护等级:无

《IUCN 红色名录》:NE

《中国生物多样性红色名录》:LC

数据来源:《浙江动物志》编辑委员会,1991;丽水市野生动物编目调查

36. 缺须鱊

缺须鱊 *Acheilognathus imberbis* Günther,1868

科:鲤科 Cyprinidae

生境:河流与湖泊

分布:丽水各水系

保护等级:无

《IUCN 红色名录》:NE

《中国生物多样性红色名录》:LC

数据来源:《浙江动物志》编辑委员会,1991

37. 大鳍鱊

大鳍鱊 *Acheilognathus macropterus*

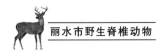

(Bleeker,1871)

科:鲤科 Cyprinidae

生境:河流与湖泊

分布:丽水各水系

保护等级:无

《IUCN 红色名录》:DD

《中国生物多样性红色名录》:LC

数据来源:《浙江动物志》编辑委员会,1991;丽水市野生动物编目调查

38. 方氏鳑鲏

方氏鳑鲏 *Rhodeus fangi*（Miao,1934）

科:鲤科 Cyprinidae

生境:溪流、河流与湖泊

分布:钱塘江水系

保护等级:无

《IUCN 红色名录》:LC

《中国生物多样性红色名录》:LC

数据来源:《浙江动物志》编辑委员会,1991;丽水市野生动物编目调查

39. 高体鳑鲏

高体鳑鲏 *Rhodeus ocellatus*（Kner,1866）

科:鲤科 Cyprinidae

生境:溪流、河流与湖泊

分布:丽水各水系

保护等级:无

《IUCN 红色名录》:DD

《中国生物多样性红色名录》:LC

数据来源:《浙江动物志》编辑委员会,1991;练青平等,2012;丽水市野生动物编目调查

40. 中华鳑鲏

中华鳑鲏 *Rhodeus sinensis* Günther,1868

科:鲤科 Cyprinidae

生境:溪流、河流与湖泊

分布:丽水各水系

保护等级:无

《IUCN 红色名录》:LC

《中国生物多样性红色名录》:LC

数据来源:《浙江动物志》编辑委员会,1991;练青平等,2012;潘金贵等,1996;丽水市野生动物编目调查

41. 齐氏田中鳑鲏

齐氏田中鳑鲏 *Tanakia chii*（Miao,1934）

科:鲤科 Cyprinidae

生境:溪流、河流等流水水域

分布:瓯江、飞云江水系

保护等级:无

《IUCN 红色名录》:NE

《中国生物多样性红色名录》:无

数据来源:丽水市野生动物编目调查

42. 棒花鱼

棒花鱼 *Abbottina rivularis*（Basilewsky,1855）

科:鲤科 Cyprinidae

生境:生境:河流与湖泊

分布:丽水各水系

保护等级:无

《IUCN 红色名录》:NE

《中国生物多样性红色名录》:LC

数据来源:《浙江动物志》编辑委员会,1991;潘金贵等,1996;练青平等,2012;洪起平等,2007;丽水市野生动物编目调查

43. 似鮈

似鮈 *Belligobio nummifer*（Boulenger,1901）

科:鲤科 Cyprinidae

生境:溪流与河流上游

分布:丽水各水系

保护等级:无

《IUCN 红色名录》:NE

《中国生物多样性红色名录》:LC

数据来源:《浙江动物志》编辑委员会,1991;洪起平等,2007;练青平等,2012

44. 细纹颌须鮈

细纹颌须鮈 *Gnathopogon taeniellus* (Nichols,1925)

科:鲤科 Cyprinidae

生境:溪流与河流上游

分布:丽水各水系

保护等级:无

《IUCN 红色名录》:DD

《中国生物多样性红色名录》:LC

数据来源:陈宜瑜,1998;《浙江动物志》编辑委员会,1991;练青平等,2012;洪起平等,2007;丽水市野生动物编目调查

45. 唇䱻

唇䱻 *Hemibarbus labeo* (Pallas,1776)

科:鲤科 Cyprinidae

生境:溪流、河流与湖泊

分布:丽水各水系

保护等级:无

《IUCN 红色名录》:NE

《中国生物多样性红色名录》:LC

数据来源:《浙江动物志》编辑委员会,1991;练青平等,2012;洪起平等,2007;丽水市野生动物编目调查

46. 长吻䱻

长吻䱻 *Hemibarbus longirostris* (Regan,1908)

科:鲤科 Cyprinidae

生境:溪流与河流

分布:瓯江水系

保护等级:无

《IUCN 红色名录》:LC

《中国生物多样性红色名录》:LC

数据来源:练青平等,2012

47. 花䱻

花䱻 *Hemibarbus maculatus* Bleeker,1871

科:鲤科 Cyprinidae

生境:溪流、河流与湖泊

分布:丽水各水系

保护等级:无

《IUCN 红色名录》:NE

《中国生物多样性红色名录》:LC

数据来源:陈宜瑜,1998;《浙江动物志》编辑委员会,1991;潘金贵等,1996;洪起平等,2007;丽水市野生动物编目调查

48. 胡鮈

胡鮈 *Huigobio chenhsienensis* (Fang,1938)

科:鲤科 Cyprinidae

生境:溪流与河流

分布:丽水各水系

保护等级:无

《IUCN 红色名录》:LC

《中国生物多样性红色名录》:LC

数据来源:《浙江动物志》编辑委员会,1991;丽水市野生动物编目调查

49. 福建小鳔鮈

福建小鳔鮈 *Microphysogobio fukiensis* (Nichols,1926)

科:鲤科 Cyprinidae

生境:溪流与河流

分布:丽水各水系

保护等级:无

《IUCN 红色名录》:LC

《中国生物多样性红色名录》:DD

数据来源:《浙江动物志》编辑委员会,1991;丽水市野生动物编目调查

50. 乐山小鳔鮈

乐山小鳔鮈 *Microphysogobio*

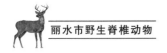

kiatingensis(Wu,1930)

科:鲤科 Cyprinidae

生境:溪流与河流

分布:丽水各水系

保护等级:无

《IUCN 红色名录》:LC

《中国生物多样性红色名录》:DD

数据来源:《浙江动物志》编辑委员会,1991;洪起平等,2007

51. 建德小鳔鮈

建德小鳔鮈 *Microphysogobio tafangensis*(Wang,1935)

科:鲤科 Cyprinidae

生境:溪流

分布:钱塘江水系上游

保护等级:无

《IUCN 红色名录》:LC

《中国生物多样性红色名录》:DD

数据来源:《浙江动物志》编辑委员会,1991;丽水市野生动物编目调查

52. 似鮈

似鮈 *Pseudogobio vaillanti*(Sauvage,1878)

科:鲤科 Cyprinidae

生境:溪流

分布:丽水各水系

保护等级:无

《IUCN 红色名录》:LC

《中国生物多样性红色名录》:LC

数据来源:陈宜瑜,1998;练青平等,2012;洪起平等,2007;丽水市野生动物编目调查

53. 长麦穗鱼

长麦穗鱼 *Pseudorasbora elongata* Wu,1939

科:鲤科 Cyprinidae

生境:溪流与河流

分布:钱塘江水系上游

保护等级:无

《IUCN 红色名录》:LC

《中国生物多样性红色名录》:VU

数据来源:陈宜瑜,1998;练青平等,2012

54. 麦穗鱼

麦穗鱼 *Pseudorasbora parva*(Temminck & Schlegel,1846)

科:鲤科 Cyprinidae

生境:溪流、河流、湖泊、沼泽等各种水体

分布:丽水各水系

保护等级:无

《IUCN 红色名录》:LC

《中国生物多样性红色名录》:LC

数据来源:陈宜瑜,1998;洪起平等,2007;练青平等,2012;丽水市野生动物编目调查

55. 江西鳈

江西鳈 *Sarcocheilichthys kiangsiensis* Nichols,1930

科:鲤科 Cyprinidae

生境:溪流与河流上游

分布:钱塘江与瓯江上游水系

保护等级:无

《IUCN 红色名录》:NE

《中国生物多样性红色名录》:LC

数据来源:《浙江动物志》编辑委员会,1991;洪起平等,2007;练青平等,2012

56. 黑鳍鳈

黑鳍鳈 *Sarcocheilichthys nigripinnis*(Günther,1873)

科:鲤科 Cyprinidae

生境:溪流与河流

分布:丽水各水系

保护等级:无

《IUCN 红色名录》:NE

《中国生物多样性红色名录》:LC

数据来源:练青平等,2012

57. 小鳈

小鳈 *Sarcocheilichthys parvus* Nichols, 1930

科:鲤科 Cyprinidae

生境:溪流与河流

分布:丽水各水系

保护等级:无

《IUCN 红色名录》:LC

《中国生物多样性红色名录》:LC

数据来源:《浙江动物志》编辑委员会,1991;潘金贵等,1996;洪起平等,2007;丽水市野生动物编目调查

58. 华鳈

华鳈 *Sarcocheilichthys sinensis* Bleeker, 1871

科:鲤科 Cyprinidae

生境:溪流、河流与湖泊

分布:丽水各水系

保护等级:无

《IUCN 红色名录》:LC

《中国生物多样性红色名录》:LC

数据来源:《浙江动物志》编辑委员会,1991;洪起平等,2007;练青平等,2012

59. 蛇鮈

蛇鮈 *Saurogobio dabryi* Bleeker, 1871

科:鲤科 Cyprinidae

生境:河流

分布:丽水各水系

保护等级:无

《IUCN 红色名录》:DD

《中国生物多样性红色名录》:LC

数据来源:《浙江动物志》编辑委员会,1991

60. 银鮈

银鮈 *Squalidus argentatus* (Sauvage & Dabry de Thiersant,1874)

科:鲤科 Cyprinidae

生境:溪流、河流与湖泊

分布:丽水各水系

保护等级:无

《IUCN 红色名录》:DD

《中国生物多样性红色名录》:LC

数据来源:《浙江动物志》编辑委员会,1991

61. 点纹银鮈

点纹银鮈 *Squalidus wolterstorffi* (Regan,1908)

科:鲤科 Cyprinidae

生境:溪流、河流与湖泊

分布:丽水各水系

保护等级:无

《IUCN 红色名录》:LC

《中国生物多样性红色名录》:LC

数据来源:《浙江动物志》编辑委员会,1991;洪起平等,2007;丽水市野生动物编目调查

62. 少耙鳅鮀

少耙鳅鮀 *Gobiobotia paucirastella* Zheng & Yan,1986

科:鲤科 Cyprinidae

生境:溪流

分布:钱塘江与瓯江水系上游

保护等级:无

《IUCN 红色名录》:NE

《中国生物多样性红色名录》:DD

数据来源:《浙江动物志》编辑委员会,1991;洪起平等,2007

63. 董氏鳅鮀

董氏鳅鮀 *Gobiobotia tungi* Fang,1933

科:鲤科 Cyprinidae

生境:溪流

分布:钱塘江水系上游

保护等级:无

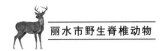

《IUCN 红色名录》:DD

《中国生物多样性红色名录》:DD

数据来源:潘金贵等,1996

64. 鲫

鲫 *Carassius auratus*(Linnaeus,1758)

科:鲤科 Cyprinidae

生境:河流、湖泊等

分布:丽水各水系

保护等级:无

《IUCN 红色名录》:LC

《中国生物多样性红色名录》:LC

数据来源:乐佩琦等,2000;洪起平等,2007;丽水市野生动物编目调查

65. 鲤

鲤 *Cyprinus carpio* Linnaeus,1758

科:鲤科 Cyprinidae

生境:河流、湖泊等

分布:丽水各水系

保护等级:无

《IUCN 红色名录》:VU

《中国生物多样性红色名录》:LC

数据来源:乐佩琦等,2000;洪起平等,2007;丽水市野生动物编目调查

66. 光唇鱼

光唇鱼 *Acrossocheilus fasciatus* (Steindachner,1892)

科:鲤科 Cyprinidae

生境:溪流、河流上游

分布:钱塘江、灵江水系

保护等级:无

《IUCN 红色名录》:NE

《中国生物多样性红色名录》:LC

数据来源:袁乐洋等,2018;丽水市野生动物编目调查

67. 半刺光唇鱼

半刺光唇鱼 *Acrossocheilus hemispinus* (Nichols,1925)

科:鲤科 Cyprinidae

生境:溪流、河流上游

分布:闽江水系

保护等级:无

《IUCN 红色名录》:LC

《中国生物多样性红色名录》:无

数据来源:《浙江动物志》编辑委员会,1991;袁乐洋等,2018

68. 温州光唇鱼

温州光唇鱼 *Acrossocheilus wenchowensis* Wang,1935

科:鲤科 Cyprinidae

生境:溪流、河流上游

分布:瓯江与飞云江水系

保护等级:无

《IUCN 红色名录》:LC

《中国生物多样性红色名录》:无

数据来源:《浙江动物志》编辑委员会,1991;袁乐洋等,2018;洪起平等,2007;丽水市野生动物编目调查

69. 台湾白甲鱼

台湾白甲鱼 *Onychostoma barbatulum* (Pellegrin,1908)

科:鲤科 Cyprinidae

生境:溪流

分布:丽水各水系

保护等级:无

《IUCN 红色名录》:DD

《中国生物多样性红色名录》:NT

数据来源:《浙江动物志》编辑委员会,1991;潘金贵等,1996;洪起平等,2007;丽水市野生动物编目调查

70. 光倒刺鲃

光倒刺鲃 *Spinibarbus hollandi* Oshima,1919

科:鲤科 Cyprinidae

生境:溪流与河流

分布:丽水各水系

保护等级:无

《IUCN 红色名录》:DD

《中国生物多样性红色名录》:LC

数据来源:《浙江动物志》编辑委员会,1991;练青平等,2012;洪起平等,2007;丽水市野生动物编目调查

71. 斑条花鳅

斑条花鳅 *Cobitis laterimaculata* (Yan & Zheng,1984)

科:条鳅科 Noemacheilinae

生境:溪流

分布:丽水各水系

保护等级:无

《IUCN 红色名录》:NE

《中国生物多样性红色名录》:无

数据来源:《浙江动物志》编辑委员会,1991;洪起平等,2007

72. 衢江花鳅

衢江花鳅 *Cobitis qujiangensis* (Chen & Chen,2017)

科:条鳅科 Noemacheilinae

生境:溪流

分布:钱塘江水系

保护等级:无

《IUCN 红色名录》:NE

《中国生物多样性红色名录》:无

数据来源:丽水市野生动物编目调查

73. 中华花鳅

中华花鳅 *Cobitis sinensis* Sauvage & Dabry de Thiersant,1874

科:条鳅科 Noemacheilinae

生境:溪流、河流与湖泊

分布:丽水各水系

保护等级:无

《IUCN 红色名录》:LC

《中国生物多样性红色名录》:LC

数据来源:《浙江动物志》编辑委员

会,1991;洪起平等,2007;练青平等,2012

74. 泥鳅

泥鳅 *Misgurnus anguillicaudatus* (Cantor,1842)

科:条鳅科 Noemacheilinae

生境:溪流、河流、湖泊、沼泽等各种水体

分布:丽水各水系

保护等级:无

《IUCN 红色名录》:LC

《中国生物多样性红色名录》:LC

数据来源:《浙江动物志》编辑委员会,1991;练青平等,2012;潘金贵等,1996;洪起平等,2007;丽水市野生动物编目调查

75. 大鳞副泥鳅

大鳞副泥鳅 *Paramisgurnus dabryanus* Dabry de Thiersant,1872

科:条鳅科 Noemacheilinae

生境:溪流、河流、湖泊、沼泽等各种水体

分布:丽水各水系

保护等级:无

《IUCN 红色名录》:NE

《中国生物多样性红色名录》:LC

数据来源:丽水市野生动物编目调查

76. 宽斑薄鳅

宽斑薄鳅 *Leptobotia tchangi* Fang,1936

科:条鳅科 Noemacheilinae

生境:溪流

分布:丽水各水系

保护等级:无

《IUCN 红色名录》:DD

《中国生物多样性红色名录》:DD

数据来源:《浙江动物志》编辑委员

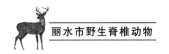

会,1991;洪起平等,2007;丽水市野生
动物编目调查

77. 扁尾薄鳅

扁尾薄鳅 *Leptobotia tientainensis*
(Wu,1930)

　　科:条鳅科 Noemacheilinae

　　生境:溪流

　　分布:丽水各水系

　　保护等级:无

　　《IUCN 红色名录》:NE

　　《中国生物多样性红色名录》:DD

　　数据来源:《浙江动物志》编辑委员
会,1991;练青平等,2012;潘金贵等,
1996;洪起平等,2007;丽水市野生动物
编目调查

78. 亮斑台鳅

亮斑台鳅 *Formosania galericula*
(Zhang,2011)

　　科:爬鳅科 Balitoridae

　　生境:溪流

　　分布:瓯江水系源头

　　保护等级:无

　　《IUCN 红色名录》:NE

　　《中国生物多样性红色名录》:DD

　　数据来源:张晓锋等,2011;洪起平
等,2007;丽水市野生动物编目调查

79. 横纹台鳅

横纹台鳅 *Formosania fasciolata*
(Wang,Fan & Chen,2006)

　　科:爬鳅科 Balitoridae

　　生境:溪流

　　分布:飞云江水系源头

　　保护等级:无

　　《IUCN 红色名录》:NE

　　《中国生物多样性红色名录》:DD

　　数据来源:王火根等,2006;丽水市
野生动物编目调查

80. 达氏台鳅

达氏台鳅 *Formosania davidi*

(Sauvage,1878)

　　科:爬鳅科 Balitoridae

　　生境:溪流

　　分布:闽江水系源头

　　保护等级:无

　　《IUCN 红色名录》:NE

　　《中国生物多样性红色名录》:DD

　　数据来源:丽水市野生动物编目
调查

81. 拟腹吸鳅

拟腹吸鳅 *Pseudogastromyzon fasciatus*
(Sauvage,1878)

　　科:爬鳅科 Balitoridae

　　生境:溪流

　　分布:除灵江水系外,丽水各水系
源头区

　　保护等级:无

　　《IUCN 红色名录》:NE

　　《中国生物多样性红色名录》:DD

　　数据来源:《浙江动物志》编辑委员
会,1991;潘金贵等,1996;洪起平等,
2007;丽水市野生动物编目调查

82. 浙江原缨口鳅

浙江原缨口鳅 *Vanmanenia stenosoma*
(Boulenger,1901)

　　科:爬鳅科 Balitoridae

　　生境:溪流

　　分布:丽水各水系

　　保护等级:无

　　《IUCN 红色名录》:NE

　　《中国生物多样性红色名录》:DD

　　数据来源:《浙江动物志》编辑委员
会,1991;练青平等,2012;潘金贵等,
1996;洪起平等,2007;丽水市野生动物
编目调查

83. 纵纹原缨口鳅

纵纹原缨口鳅 *Vanmanenia caldwelli*
(Nichols,1925)

科:爬鳅科 Balitoridae
生境:溪流
分布:闽江水系上游
保护等级:无

《IUCN 红色名录》:无
《中国生物多样性红色名录》:DD
数据来源:丽水市野生动物编目
调查

三、鲇形目 SILURIFORMES

84. 鳗尾鮡

鳗尾鮡 *Liobagrus anguillicauda* Nichols,1926

科:钝头鮠科 Amblycipitidae
生境:溪流
分布:丽水各水系
保护等级:无
《IUCN 红色名录》:NE
《中国生物多样性红色名录》:DD
数据来源:诸新洛等,1999;《浙江动物志》编辑委员会,1991;潘金贵等,1996;洪起平等,2007;丽水市野生动物编目调查

85. 福建纹胸鮡

福建纹胸鮡 *Glyptothorax fokiensis* (Rendahl,1925)

科:鮡科 Sisoridae
生境:溪流
分布:丽水各水系
保护等级:无
《IUCN 红色名录》:LC
《中国生物多样性红色名录》:LC
数据来源:《浙江动物志》编辑委员会,1991;洪起平等,2007

86. 鲇

鲇 *Silurus asotus* Linnaeus,1758
科:鲇科 Siluridae
生境:溪流、河流和湖泊
分布:丽水各水系
保护等级:无
《IUCN 红色名录》:LC

《中国生物多样性红色名录》:LC
数据来源:《浙江动物志》编辑委员会,1991;练青平等,2012;潘金贵等,1996;洪起平等,2007;丽水市野生动物编目调查

87. 大口鲇

大口鲇 *Silurus meridionalis* Chen,1977

科:鲇科 Siluridae
生境:溪流、河流和湖泊
分布:丽水各水系
保护等级:无
《IUCN 红色名录》:LC
《中国生物多样性红色名录》:LC
数据来源:《浙江动物志》编辑委员会,1991;丽水市野生动物编目调查

88. 胡子鲇

胡子鲇 *Clarias fuscus* (Lacepède,1803)

科:鲇科 Siluridae
生境:溪流、河流和湖泊
分布:丽水各水系
保护等级:无
《IUCN 红色名录》:LC
《中国生物多样性红色名录》:LC
数据来源:《浙江动物志》编辑委员会,1991;练青平等,2012

89. 白边拟鲿

白边拟鲿 *Pseudobagrus albomarginatus* (Rendahl,1928)

科:鲿科 Bagridae

生境:溪流与河流

分布:丽水各水系

保护等级:无

《IUCN 红色名录》:NE

《中国生物多样性红色名录》:LC

数据来源:《浙江动物志》编辑委员会,1991;练青平等,2012;洪起平等,2007;丽水市野生动物编目调查

90. 粗唇拟鲿

粗唇拟鲿 *Pseudobagrus crassilabris* (Günther,1864)

科:鲿科 Bagridae

生境:河流

分布:瓯江水系

保护等级:无

《IUCN 红色名录》:NE

《中国生物多样性红色名录》:LC

数据来源:《浙江动物志》编辑委员会,1991

91. 黄颡鱼

黄颡鱼 *Pseudobagrus fulvidraco* (Richardson,1846)

科:鲿科 Bagridae

生境:溪流、河流和湖泊

分布:丽水各水系

保护等级:无

《IUCN 红色名录》:NE

《中国生物多样性红色名录》:LC

数据来源:《浙江动物志》编辑委员会,1991;练青平等,2012;洪起平等,2007;丽水市野生动物编目调查

92. 盎堂拟鲿

盎堂拟鲿 *Pseudobagrus ondon* Shaw,1930

科:鲿科 Bagridae

生境:溪流与河流上游

分布:丽水各水系

保护等级:无

《IUCN 红色名录》:LC

《中国生物多样性红色名录》:DD

数据来源:《浙江动物志》编辑委员会,1991;丽水市野生动物编目调查

四、鲈形目 PERCIFORMES

93. 刘氏少鳞鳜

刘氏少鳞鳜 *Coreoperca liui* Cao & Liang,2013

科:鮨鲈科 Pecichthyidae

生境:溪流与河流上游

分布:钱塘江与瓯江水系上游

保护等级:无

《IUCN 红色名录》:NE

《中国生物多样性红色名录》:DD

数据来源:《浙江动物志》编辑委员会,1991;丽水市野生动物编目调查

94. 翘嘴鳜

翘嘴鳜 *Siniperca chuatsi* (Basilewsky,1855)

科:鮨鲈科 Pecichthyidae

生境:溪流、河流与湖泊

分布:丽水各水系

保护等级:无

《IUCN 红色名录》:NE

《中国生物多样性红色名录》:LC

数据来源:《浙江动物志》编辑委员会,1991;练青平等,2012;丽水市野生动物编目调查

95. 大眼鳜

大眼鳜 *Siniperca knerii* Garman,1912

科:鮨鲈科 Pecichthyidae

生境:溪流、河流与湖泊

分布:丽水各水系

保护等级:无

《IUCN 红色名录》:无

《中国生物多样性红色名录》:LC

数据来源:《浙江动物志》编辑委员会,1991;丽水市野生动物编目调查

96. 暗鳜

暗鳜 *Siniperca obscura* Nichols,1930

科:鮨鲈科 Pecichthyidae

生境:溪流、河流上游

分布:钱塘江水系上游

保护等级:无

《IUCN 红色名录》:LC

《中国生物多样性红色名录》:NT

数据来源:洪起平等,2007;潘金贵等,1996

97. 斑鳜

斑鳜 *Siniperca scherzeri* Steindachner,1892

科:鮨鲈科 Pecichthyidae

生境:溪流、河流与湖泊

分布:丽水各水系

保护等级:无

《IUCN 红色名录》:DD

《中国生物多样性红色名录》:LC

数据来源:《浙江动物志》编辑委员会,1991;练青平等,2012;洪起平等,2007;丽水市野生动物编目调查

98. 小黄黝鱼

小黄黝鱼 *Micropercops swinhonis* (Günther,1873)

科:沙塘鳢科 Odontobutidae

生境:湖泊、池塘等静水域

分布:丽水各水系

保护等级:无

《IUCN 红色名录》:LC

《中国生物多样性红色名录》:LC

数据来源:《浙江动物志》编辑委员会,1991;丽水市野生动物编目调查

99. 河川沙塘鳢

河川沙塘鳢 *Odontobutis potamophila* (Günther,1861)

科:沙塘鳢科 Odontobutidae

生境:溪流、河流与湖泊

分布:丽水各水系

保护等级:无

《IUCN 红色名录》:NE

《中国生物多样性红色名录》:LC

数据来源:伍汉霖等,2008;《浙江动物志》编辑委员会,1991;练青平等,2012;丽水市野生动物编目调查

100. 尖头塘鳢

尖头塘鳢 *Eleotris oxycephala* Temminck & Schlegel,1845

科:塘鳢科 Eleotridae

生境:河流干流

分布:瓯江中下游

保护等级:无

《IUCN 红色名录》:LC

《中国生物多样性红色名录》:LC

数据来源:练青平等,2012

101. 粘皮鲻虾虎鱼

粘皮鲻虾虎鱼 *Mugilogobius myxodermus* (Herre,1935)

科:虾虎鱼科 Gobiidae

生境:河流与湖泊

分布:丽水各水系

保护等级:无

《IUCN 红色名录》:NE

《中国生物多样性红色名录》:DD

数据来源:伍汉霖等,2008;《浙江动物志》编辑委员会,1991

102. 无孔吻虾虎鱼

无孔吻虾虎鱼 *Rhinogobius aporus* (Zhong & Wu,1998)

科:虾虎鱼科 Gobiidae

生境:溪流

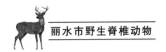

分布:瓯江水系

保护等级:无

《IUCN 红色名录》:NE

《中国生物多样性红色名录》:DD

数据来源:伍汉霖等,2008;丽水市野生动物编目调查

103. 波氏吻虾虎鱼

波氏吻虾虎鱼 *Rhinogobius clifformedpopei*(Nichols,1925)

科:虾虎鱼科 Gobiidae

生境:溪流、河流、湖泊、沼泽等各种水体

分布:丽水各水系

保护等级:无

《IUCN 红色名录》:NE

《中国生物多样性红色名录》:LC

数据来源:《浙江动物志》编辑委员会,1991;丽水市野生动物编目调查

104. 戴氏吻虾虎鱼

戴氏吻虾虎鱼 *Rhinogobius davidi* (Sauvage & Dabry de Thiersant,1874)

科:虾虎鱼科 Gobiidae

生境:溪流

分布:瓯江水系

保护等级:无

《IUCN 红色名录》:NE

《中国生物多样性红色名录》:DD

数据来源:《浙江动物志》编辑委员会,1991

105. 颊纹吻虾虎鱼

颊纹吻虾虎鱼 *Rhinogobius genanematus* Zhong & Tzeng,1998

科:虾虎鱼科 Gobiidae

生境:溪流

分布:灵江水系上游

保护等级:无

《IUCN 红色名录》:无

《中国生物多样性红色名录》:DD

数据来源:丽水市野生动物编目调查

106. 无斑吻虾虎鱼

无斑吻虾虎鱼 *Rhinogobius immaculatus* Li,Li & Chen,2018

科:虾虎鱼科 Gobiidae

生境:溪流

分布:钱塘江上游

保护等级:无

《IUCN 红色名录》:NE

《中国生物多样性红色名录》:无

数据来源:丽水市野生动物编目调查

107. 李氏吻虾虎鱼

李氏吻虾虎鱼 *Rhinogobius leavelli* (Herre,1935)

科:虾虎鱼科 Gobiidae

生境:溪流与河流

分布:丽水各水系

保护等级:无

《IUCN 红色名录》:LC

《中国生物多样性红色名录》:LC

数据来源:伍汉霖等,2008;洪起平等,2007;丽水市野生动物编目调查

108. 雀斑吻虾虎鱼

雀斑吻虾虎鱼 *Rhinogobius lentiginis* (Wu & Zheng,1985)

科:虾虎鱼科 Gobiidae

生境:溪流

分布:钱塘江与灵江水系

保护等级:无

《IUCN 红色名录》:NE

《中国生物多样性红色名录》:LC

数据来源:潘金贵等,1996;丽水市野生动物编目调查

109. 黑吻虾虎鱼

黑吻虾虎鱼 *Rhinogobius niger* Huang,Chen & Shao,2016

科:虾虎鱼科 Gobiidae

生境:溪流

分布:钱塘江与灵江水系

保护等级:无

《IUCN 红色名录》:NE

《中国生物多样性红色名录》:无

数据来源:丽水市野生动物编目调查

110. 网纹吻虾虎鱼

网纹吻虾虎鱼 *Rhinogobius reticulatus* Li,Zhong & Wu,2007

科:虾虎鱼科 Gobiidae

生境:溪流

分布:丽水各水系

保护等级:无

《IUCN 红色名录》:无

《中国生物多样性红色名录》:无

数据来源:丽水市野生动物编目调查

111. 真吻虾虎鱼

真吻虾虎鱼 *Rhinogobius similis* Gill,1859

科:虾虎鱼科 Gobiidae

生境:溪流、河流、湖泊、沼泽等各种水体

分布:丽水各水系

保护等级:无

《IUCN 红色名录》:LC

《中国生物多样性红色名录》:LC

数据来源:《浙江动物志》编辑委员会,1991;洪起平等,2007;丽水市野生动物编目调查

112. 乌岩岭吻虾虎鱼

乌岩岭吻虾虎鱼 *Rhinogobius wuyanlingensis* Yang,Wu & Chen,2008

科:虾虎鱼科 Gobiidae

生境:溪流

分布:瓯江与飞云江水系

保护等级:无

《IUCN 红色名录》:NE

《中国生物多样性红色名录》:DD

数据来源:丽水市野生动物编目调查

113. 武义吻虾虎鱼

武义吻虾虎鱼 *Rhinogobius wuyiensis* Li & Zhong,2007

科:虾虎鱼科 Gobiidae

生境:溪流

分布:钱塘江水系

保护等级:无

《IUCN 红色名录》:无

《中国生物多样性红色名录》:DD

数据来源:丽水市野生动物编目调查

114. 叉尾斗鱼

叉尾斗鱼 *Macropodus opercularis* (Linnaeus,1758)

科:斗鱼科 Osphronemidae

生境:河流、湖泊与沼泽

分布:丽水各水系

保护等级:无

《IUCN 红色名录》:LC

《中国生物多样性红色名录》:LC

数据来源:《浙江动物志》编辑委员会,1991;丽水市野生动物编目调查

115. 乌鳢

乌鳢 *Channa argus* (Cantor,1842)

科:鳢科 Channidae

生境:河流与湖泊

分布:丽水各水系

保护等级:无

《IUCN 红色名录》:NE

《中国生物多样性红色名录》:LC

数据来源:《浙江动物志》编辑委员会,1991;练青平等,2012;丽水市野生动物编目调查

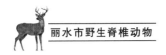

116. 月鳢

月鳢 *Channa asiatica*（Linnaeus，1758）

 科：鳢科 Channidae

 生境：河流与湖泊

 分布：丽水各水系

 保护等级：无

 《IUCN 红色名录》：LC

 《中国生物多样性红色名录》：LC

 数据来源：《浙江动物志》编辑委员会，1991

五、颌针鱼目 BELONIFORMES

117. 青鳉

青鳉 *Oryzias latipes*（Temminck & Schlegel，1846）

 科：大颌鳉科 Adrianichthyidae

 生境：平缓的河流、湖泊与沼泽

 分布：丽水各水系

 保护等级：无

 《IUCN 红色名录》：LC

 《中国生物多样性红色名录》：LC

 数据来源：《浙江动物志》编辑委员会，1991；丽水市野生动物编目调查

118. 间下鱵

间下鱵 *Hyporhamphus intermedius*（Cantor，1842）

 科：鱵科 Hemiramphidae

 生境：河流与湖泊

 分布：丽水各水系

 保护等级：无

 《IUCN 红色名录》：NE

 《中国生物多样性红色名录》：LC

 数据来源：李思忠等，2011

六、合鳃鱼目 SYNBRANCHIFORMES

119. 黄鳝

黄鳝 *Monopterus albus*（Zuiew，1793）

 科：合鳃鱼科 Synbranchidae

 生境：溪流与沼泽等浅水

 分布：丽水各水系

 保护等级：无

 《IUCN 红色名录》：NE

 《中国生物多样性红色名录》：LC

 数据来源：《浙江动物志》编辑委员会，1991；练青平等，2012；丽水市野生动物编目调查

120. 中华光盖刺鳅

中华光盖刺鳅 *Sinobdella sinensis*（Bleeker，1870）

 科：刺鳅科 Mastacembelidae

 生境：溪流

 分布：丽水各水系

 保护等级：无

 《IUCN 红色名录》：LC

 《中国生物多样性红色名录》：LC

 数据来源：《浙江动物志》编辑委员会，1991；练青平等，2012；丽水市野生动物编目调查

第5章　两栖类编目

根据丽水市野生动物编目调查及各方面文献、数据资料,丽水市共分布两栖类2目9科45种,占目前浙江省记录两栖类物种总数的86.5%,其中,有尾目2科5种,无尾目7科40种。从分布型上分析,东洋型物种2目7科11种,占两栖类总数的24.44%;南中国型物种2目7科30种,占两栖类总数的66.67%;季风型物种2目2科4种,占两栖类总数的8.89%。南中国型物种占绝对优势,主要表现出以南中国型物种为主、东洋型和季风型物种相互渗透的区系特征。

一、有尾目 CAUDATA

1. 中国大鲵

中国大鲵 *Andrias davidianus* (Blanchard,1871)

科:隐鳃鲵科 Cryptobranchidae

生境:溪流

生态类群:流水型

地理区系:广布

保护等级:国家二级重点保护野生动物

《IUCN 红色名录》:CR

《中国生物多样性红色名录》:CR

数据来源:《浙江动物志》编辑委员会,1990a;费梁等,2006;中国两栖类 http://www.amphibiachina.org/;潘金贵等,1996

2. 秉志肥螈

秉志肥螈 *Pachytriton granulosus* Chang,1933

科:蝾螈科 Salamandridae

生境:溪流

生态类群:流水型

地理区系:华中区

保护等级:浙江省重点保护野生动物

《IUCN 红色名录》:NE

《中国生物多样性红色名录》:DD

数据来源:《浙江动物志》编辑委员会,1990a;费梁等,2006;中国两栖类 http://www.amphibiachina.org/;丽水市野生动物编目调查;第二次全国陆生野生动物资源调查;《凤阳山志》编委会,2012;潘金贵等,1996

3. 中国瘰螈

中国瘰螈 *Paramesotriton chinensis* (Gray,1859)

科:蝾螈科 Salamandridae

生境:溪流

生态类群:流水型

地理区系:华中区、华南区

保护等级:国家二级重点保护野生动物

《IUCN 红色名录》:LC

《中国生物多样性红色名录》:NT

数据来源:《浙江动物志》编辑委员会,1990a;费梁等,2006;中国两栖类 http://www.amphibiachina.org/;《凤

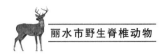

《阳山志》编委会,2012;潘金贵等,1996

4. 橙脊瘰螈

橙脊瘰螈 *Paramesotriton aurantius* Yuan,Wu,Zhou,and Che,2016

科:蝾螈科 Salamandridae

生境:溪流

生态类群:流水型

地理区系:华中区

保护等级:国家二级重点保护野生动物

《IUCN 红色名录》:NE

《中国生物多样性红色名录》:无

数据来源:丽水市野生动物编目调查;第二次全国陆生野生动物资源调查;刘日林等,2019

5. 东方蝾螈

东方蝾螈 *Cynops orientalis*(David, 1873)

科:蝾螈科 Salamandridae

生境:溪流、静水塘

生态类群:陆栖静水型

地理区系:华中区

保护等级:浙江省重点保护野生动物

《IUCN 红色名录》:LC

《中国生物多样性红色名录》:NT

数据来源:《浙江动物志》编辑委员会,1990a;费梁等,2006;中国两栖类 http://www.amphibiachina.org/;《凤阳山志》编委会,2012

二、无尾目 ANURA

6. 福建掌突蟾

福建掌突蟾 *Leptobrachella liui*(Fei and Ye,1990)

科:角蟾科 Megophryidae

生境:溪流

生态类群:陆栖流水型

地理区系:华中区、华南区

保护等级:浙江省一般保护野生动物

《IUCN 红色名录》:LC

《中国生物多样性红色名录》:LC

数据来源:《浙江动物志》编辑委员会,1990a;费梁等,2009a;中国两栖类 http://www.amphibiachina.org/;丽水市野生动物编目调查;第二次全国陆生野生动物资源调查;《凤阳山志》编委会,2012;潘金贵等,1996

7. 挂墩角蟾

挂墩角蟾 *Megophrys*(*Panophrys*) *kuatunensis* Pope,1929

科:角蟾科 Megophryidae

生境:溪流及其附近

生态类群:陆栖流水型

地理区系:华中区

保护等级:浙江省一般保护野生动物

《IUCN 红色名录》:LC

《中国生物多样性红色名录》:LC

数据来源:《浙江动物志》编辑委员会,1990a;费梁等,2009a;中国两栖类 http://www.amphibiachina.org/;丽水市野生动物编目调查;第二次全国陆生野生动物资源调查;《凤阳山志》编委会,2012;潘金贵等,1996

8. 百山祖角蟾

百山祖角蟾 *Megophrys baishanzuensis* Wu,2020

科:角蟾科 Megophryidae

生境:溪流及其附近

生态类群:陆栖流水型

地理区系:华中区

保护等级:无

《IUCN 红色名录》:无

《中国生物多样性红色名录》:无

数据来源:Wu Y Q,2020

9. 淡肩角蟾

淡肩角蟾 *Megophrys*(*Panophrys*) *boettgeri*(Boulenger,1899)

科:角蟾科 Megophryidae

生境:溪流及其附近

生态类群:陆栖流水型

地理区系:华中区、华南区

保护等级:浙江省一般保护野生动物

《IUCN 红色名录》:LC

《中国生物多样性红色名录》:LC

数据来源:《浙江动物志》编辑委员会,1990a;费梁等,2009a;中国两栖类 http://www. amphibiachina. org/;丽水市野生动物编目调查;第二次全国陆生野生动物资源调查;《凤阳山志》编委会,2012;潘金贵等,1996

10. 丽水角蟾

丽水角蟾 *Megophrys*(*Panophrys*) *lishuiensis*(Wang,Liu,and Jiang,2017)

科:角蟾科 Megophryidae

生境:溪流及其附近

生态类群:陆栖流水型

地理区系:华中区

保护等级:无

《IUCN 红色名录》:NE

《中国生物多样性红色名录》:无

数据来源:中国两栖类 http://www. amphibiachina. org/;丽水市野生动物编目调查;第二次全国陆生野生动物资源调查;王聿凡等,2017

11. 崇安髭蟾

崇安髭蟾 *Leptobrachium liui*(Pope,

1947)

科:角蟾科 Megophryidae

生境:高海拔溪流、潮湿林下

生态类群:陆栖流水型

地理区系:华中区

保护等级:浙江省重点保护野生动物

《IUCN 红色名录》:LC

《中国生物多样性红色名录》:NT

数据来源:《浙江动物志》编辑委员会,1990a;费梁等,2009a;中国两栖类 http://www. amphibiachina. org/;《凤阳山志》编委会,2012;潘金贵等,1996

12. 中华蟾蜍

中华蟾蜍 *Bufo gargarizans* Cantor,1842

科:蟾蜍科 Bufonidae

生境:水田、山地

生态类群:陆栖静水型

地理区系:广布

保护等级:浙江省一般保护野生动物

《IUCN 红色名录》:LC

《中国生物多样性红色名录》:LC

数据来源:《浙江动物志》编辑委员会,1990a;费梁等,2009a;中国两栖类 http://www. amphibiachina. org/;丽水市野生动物编目调查;第二次全国陆生野生动物资源调查;《凤阳山志》编委会,2012;潘金贵等,1996

13. 黑眶蟾蜍

黑眶蟾蜍 *Duttaphrynus melanostictus*(Schneider,1799)

科:蟾蜍科 Bufonidae

生境:水田、山地

生态类群:陆栖静水型

地理区系:华中区、华南区、西南区

保护等级:浙江省一般保护野生

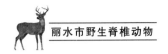

动物

《IUCN 红色名录》:LC

《中国生物多样性红色名录》:LC

数据来源:《浙江动物志》编辑委员会,1990a;费梁等,2009a;中国两栖类 http://www.amphibiachina.org/;丽水市野生动物编目调查;第二次全国陆生野生动物资源调查;《凤阳山志》编委会,2012;潘金贵等,1996

14.中国雨蛙

中国雨蛙 *Hyla chinensis* Günther,1858

科:雨蛙科 Hylidae

生境:水田、山地

生态类群:树栖型

地理区系:华中区、华南区、西南区

保护等级:浙江省重点保护野生动物

《IUCN 红色名录》:LC

《中国生物多样性红色名录》:LC

数据来源:《浙江动物志》编辑委员会,1990a;费梁等,2009a;中国两栖类 http://www.amphibiachina.org/;丽水市野生动物编目调查;第二次全国陆生野生动物资源调查;《凤阳山志》编委会,2012;潘金贵等,1996

15.三港雨蛙

三港雨蛙 *Hyla sanchiangensis* Pope,1929

科:雨蛙科 Hylidae

生境:水田、山地

生态类群:树栖型

地理区系:华中区、华南区

保护等级:浙江省重点保护野生动物

《IUCN 红色名录》:LC

《中国生物多样性红色名录》:LC

数据来源:《浙江动物志》编辑委员

会,1990a;费梁等,2009a;中国两栖类 http://www.amphibiachina.org/;丽水市野生动物编目调查;第二次全国陆生野生动物资源调查;《凤阳山志》编委会,2012;潘金贵等,1996

16.华南雨蛙

华南雨蛙 *Hyla simplex* Boettger,1901

科:雨蛙科 Hylidae

生境:水田、山地

生态类群:树栖型

地理区系:华中区、华南区

保护等级:浙江省重点保护野生动物

《IUCN 红色名录》:LC

《中国生物多样性红色名录》:LC

数据来源:《浙江动物志》编辑委员会,1990a;费梁等,2009a

17.北仑姬蛙

北仑姬蛙 *Microhyla beilunensis* Zhang, Fei, Ye, Wang, Wang, and Jiang,2018

科:姬蛙科 Microhylidae

生境:水田、山地

生态类群:陆栖静水型

地理区系:华中区

保护等级:无

《IUCN 红色名录》:NE

《中国生物多样性红色名录》:无

数据来源:《浙江动物志》编辑委员会,1990a;费梁等,2009a;中国两栖类 http://www.amphibiachina.org/;丽水市野生动物编目调查;第二次全国陆生野生动物资源调查

18.小弧斑姬蛙

小弧斑姬蛙 *Microhyla heymonsi* Vogt,1911

科:姬蛙科 Microhylidae

生境:水田、山地

生态类群:陆栖静水型

地理区系:华中区、华南区、西南区

保护等级:浙江省一般保护野生动物

《IUCN 红色名录》:LC

《中国生物多样性红色名录》:LC

数据来源:《浙江动物志》编辑委员会,1990a;费梁等,2009a;中国两栖类http://www. amphibiachina. org;丽水市野生动物编目调查;第二次全国陆生野生动物资源调查;《凤阳山志》编委会,2012;潘金贵等,1996

19. 粗皮姬蛙

粗皮姬蛙 *Microhyla butleri* Boulenger,1900

科:姬蛙科 Microhylidae

生境:水田、山地

生态类群:陆栖静水型

地理区系:华中区、华南区、西南区

保护等级:浙江省一般保护野生动物

《IUCN 红色名录》:LC

《中国生物多样性红色名录》:LC

数据来源:《浙江动物志》编辑委员会,1990a;费梁等,2009a;中国两栖类http://www. amphibiachina. org;潘金贵等,1996

20. 饰纹姬蛙

饰纹姬蛙 *Microhyla fissipes* Boulenger,1884

科:姬蛙科 Microhylidae

生境:水田、山地

生态类群:陆栖静水型

地理区系:华中区、华南区、西南区

保护等级:浙江省一般保护野生动物

《IUCN 红色名录》:LC

《中国生物多样性红色名录》:LC

数据来源:《浙江动物志》编辑委员会,1990a;费梁等,2009a;中国两栖类http://www. amphibiachina. org;丽水市野生动物编目调查;第二次全国陆生野生动物资源调查;《凤阳山志》编委会,2012;潘金贵等,1996

21. 泽陆蛙

泽陆蛙 *Fejervarya multistriata* (Hallowell,1860)

科:叉舌蛙科 Dicroglossidae

生境:水田、静水塘

生态类群:陆栖静水型

地理区系:广布

保护等级:浙江省一般保护野生动物

《IUCN 红色名录》:DD

《中国生物多样性红色名录》:LC

数据来源:《浙江动物志》编辑委员会,1990a;费梁等,2009b;中国两栖类http://www. amphibiachina. org;丽水市野生动物编目调查;第二次全国陆生野生动物资源调查;《凤阳山志》编委会,2012;潘金贵等,1996

22. 虎纹蛙

虎纹蛙 *Hoplobatrachus chinensis* (Osbeck,1765)

科:叉舌蛙科 Dicroglossidae

生境:水田、静水塘

生态类群:静水型

地理区系:华中区、华南区

保护等级:国家二级重点保护野生动物

《IUCN 红色名录》:NE

《中国生物多样性红色名录》:EN

数据来源:《浙江动物志》编辑委员会,1990a;费梁等,2009b;中国两栖类http://www. amphibiachina. org;丽

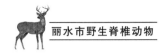

水市野生动物编目调查;第二次全国陆生野生动物资源调查;《凤阳山志》编委会,2012;潘金贵等,1996

23. 福建大头蛙

福建大头蛙 *Limnonectes fujianensis* Ye and Fei,1994

科:叉舌蛙科 Dicroglossidae

生境:水田、静水塘

生态类群:静水型

地理区系:华中区、华南区

保护等级:浙江省一般保护野生动物

《IUCN 红色名录》:LC

《中国生物多样性红色名录》:NT

数据来源:《浙江动物志》编辑委员会,1990a;费梁等,2009b;中国两栖类http://www.amphibiachina.org/;丽水市野生动物编目调查;第二次全国陆生野生动物资源调查

24. 九龙棘蛙

九龙棘蛙 *Quasipaa jiulongensis*(Huang and Liu,1985)

科:叉舌蛙科 Dicroglossidae

生境:溪流

生态类群:流水型

地理区系:华中区

保护等级:浙江省重点保护野生动物

《IUCN 红色名录》:VU

《中国生物多样性红色名录》:VU

数据来源:《浙江动物志》编辑委员会,1990a;费梁等,2009b;中国两栖类http://www.amphibiachina.org/;丽水市野生动物编目调查;第二次全国陆生野生动物资源调查;《凤阳山志》编委会,2012;潘金贵等,1996

25. 小棘蛙

小棘蛙 *Quasipaa exilispinosa*(Liu

and Hu,1975)

科:叉舌蛙科 Dicroglossidae

生境:溪流

生态类群:流水型

地理区系:华中区、华南区

保护等级:浙江省重点保护野生动物

《IUCN 红色名录》:VU

《中国生物多样性红色名录》:VU

数据来源:中国两栖类http://www.amphibiachina.org/;丽水市野生动物编目调查;第二次全国陆生野生动物资源调查

26. 棘胸蛙

棘胸蛙 *Quasipaa spinosa*(David,1875)

科:叉舌蛙科 Dicroglossidae

生境:溪流、静水塘

生态类群:流水型

地理区系:华中区、华南区

保护等级:浙江省重点保护野生动物

《IUCN 红色名录》:VU

《中国生物多样性红色名录》:VU

数据来源:《浙江动物志》编辑委员会,1990a;费梁等,2009b;中国两栖类http://www.amphibiachina.org/;丽水市野生动物编目调查;第二次全国陆生野生动物资源调查;《凤阳山志》编委会,2012;潘金贵等,1996

27. 崇安湍蛙

崇安湍蛙 *Amolops chunganensis*(Pope,1929)

科:蛙科 Ranidae

生境:溪流

生态类群:流水型

地理区系:华中区

保护等级:浙江省重点保护野生

动物

《IUCN 红色名录》:LC

《中国生物多样性红色名录》:LC

数据来源:《浙江动物志》编辑委员会,1990a;费梁等,2009b;中国两栖类http://www.amphibiachina.org/;潘金贵等,1996

28. 华南湍蛙

华南湍蛙 *Amolops ricketti* (Boulenger, 1899)

科:蛙科 Ranidae

生境:溪流

生态类群:流水型

地理区系:华中区、华南区

保护等级:浙江省一般保护野生动物

《IUCN 红色名录》:LC

《中国生物多样性红色名录》:LC

数据来源:《浙江动物志》编辑委员会,1990a;费梁等,2009b;中国两栖类http://www.amphibiachina.org/;《凤阳山志》编委会,2012;潘金贵等,1996

29. 武夷湍蛙

武夷湍蛙 *Amolops wuyiensis* (Liu and Hu,1975)

科:蛙科 Ranidae

生境:溪流

生态类群:流水型

地理区系:华中区

保护等级:浙江省一般保护野生动物

《IUCN 红色名录》:LC

《中国生物多样性红色名录》:LC

数据来源:《浙江动物志》编辑委员会,1990a;费梁等,2009b;中国两栖类http://www.amphibiachina.org/;丽水市野生动物编目调查;第二次全国陆生野生动物资源调查;《凤阳山志》编委

会,2012;潘金贵等,1996

30. 天台粗皮蛙

天台粗皮蛙 *Glandirana tientaiensis* (Chang,1933)

科:蛙科 Ranidae

生境:溪流

生态类群:陆栖流水型

地理区系:华中区

保护等级:浙江省重点保护野生动物

《IUCN 红色名录》:NT

《中国生物多样性红色名录》:NT

数据来源:《浙江动物志》编辑委员会,1990a;费梁等,2009b;中国两栖类http://www.amphibiachina.org/;《凤阳山志》编委会,2012;潘金贵等,1996

31. 弹琴蛙

弹琴蛙 *Nidirana adenopleura* (Boulenger,1909)

科:蛙科 Ranidae

生境:静水塘

生态类群:静水型

地理区系:华中区、华南区、西南区

保护等级:浙江省一般保护野生动物

《IUCN 红色名录》:NE

《中国生物多样性红色名录》:LC

数据来源:《浙江动物志》编辑委员会,1990a;费梁等,2009b;中国两栖类http://www.amphibiachina.org/;丽水市野生动物编目调查;第二次全国陆生野生动物资源调查;《凤阳山志》编委会,2012;潘金贵等,1996

32. 沼水蛙

沼水蛙 *Hylarana guentheri* (Boulenger, 1882)

科:蛙科 Ranidae

生境:静水塘、山地

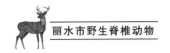

生态类群:静水型

地理区系:华中区、华南区、西南区

保护等级:浙江省重点保护野生动物

《IUCN 红色名录》:LC

《中国生物多样性红色名录》:LC

数据来源:《浙江动物志》编辑委员会,1990a;费梁等,2009b;中国两栖类 http://www.amphibiachina.org/;丽水市野生动物编目调查;第二次全国陆生野生动物资源调查;《凤阳山志》编委会,2012;潘金贵等,1996

33. 阔褶水蛙

阔褶水蛙 Hylarana latouchii (Boulenger,1899)

科:蛙科 Ranidae

生境:静水塘、山地

生态类群:静水型

地理区系:华中区、华南区

保护等级:浙江省一般保护野生动物

《IUCN 红色名录》:LC

《中国生物多样性红色名录》:LC

数据来源:《浙江动物志》编辑委员会,1990a;费梁等,2009b;中国两栖类 http://www.amphibiachina.org/;丽水市野生动物编目调查;第二次全国陆生野生动物资源调查;《凤阳山志》编委会,2012;潘金贵等,1996

34. 天目臭蛙

天目臭蛙 Odorrana tianmuii Chen, Zhou,and Zheng,2010

科:蛙科 Ranidae

生境:溪流

生态类群:流水型

地理区系:华中区

保护等级:浙江省重点保护野生动物

《IUCN 红色名录》:NE

《中国生物多样性红色名录》:LC

数据来源:丽水市野生动物编目调查;第二次全国陆生野生动物资源调查;陈晓虹等,2010

35. 大绿臭蛙

大绿臭蛙 Odorrana graminea (Boulenger,1899)

科:蛙科 Ranidae

生境:溪流

生态类群:流水型

地理区系:华中区、华南区

保护等级:浙江省重点保护野生动物

《IUCN 红色名录》:DD

《中国生物多样性红色名录》:LC

数据来源:《浙江动物志》编辑委员会,1990a;费梁等,2009b;中国两栖类 http://www.amphibiachina.org/;丽水市野生动物编目调查;第二次全国陆生野生动物资源调查;《凤阳山志》编委会,2012;潘金贵等,1996

36. 花臭蛙

花臭蛙 Odorrana schmackeri (Boettger,1892)

科:蛙科 Ranidae

生境:溪流

生态类群:流水型

地理区系:华中区、华南区

保护等级:浙江省一般保护野生动物

《IUCN 红色名录》:LC

《中国生物多样性红色名录》:LC

数据来源:《浙江动物志》编辑委员会,1990a;费梁等,2009b;中国两栖类 http://www.amphibiachina.org/;丽水市野生动物编目调查;第二次全国陆生野生动物资源调查;《凤阳山志》编委

会,2012;潘金贵等,1996

37.凹耳臭蛙

凹耳臭蛙 *Odorrana tormota* Wu,
1977

　　科:蛙科 Ranidae

　　生境:溪流、山地

　　生态类群:陆栖流水型

　　地理区系:华中区

　　保护等级:浙江省重点保护野生
动物

　　《IUCN 红色名录》:VU

　　《中国生物多样性红色名录》:VU

　　数据来源:丽水市野生动物编目调
查;第二次全国陆生野生动物资源调查

38.小竹叶蛙

小竹叶蛙 *Odorrana exiliversabilis*
Li,Ye,and Fei,2001

　　科:蛙科 Ranidae

　　生境:溪流、山地

　　生态类群:流水型

　　地理区系:华中区

　　保护等级:无

　　《IUCN 红色名录》:LC

　　《中国生物多样性红色名录》:NT

　　数据来源:《浙江动物志》编辑委员
会,1990a;费梁等,2009b;中国两栖类
http://www. amphibiachina. org/;丽
水市野生动物编目调查;第二次全国陆
生野生动物资源调查;《凤阳山志》编委
会,2012;潘金贵等,1996

39.黑斑侧褶蛙

黑斑侧褶蛙 *Pelophylax nigromaculatus*
(Hallowell,1860)

　　科:蛙科 Ranidae

　　生境:水田、静水塘

　　生态类群:静水型

　　地理区系:广布

　　保护等级:浙江省一般保护野生

动物

　　《IUCN 红色名录》:NT

　　《中国生物多样性红色名录》:NT

　　数据来源:《浙江动物志》编辑委员
会,1990a;费梁等,2009b;中国两栖类
http://www. amphibiachina. org/;丽
水市野生动物编目调查;第二次全国陆
生野生动物资源调查;《凤阳山志》编委
会,2012;潘金贵等,1996

40.金线侧褶蛙

金线侧褶蛙 *Pelophylax plancyi*
(Lataste,1880)

　　科:蛙科 Ranidae

　　生境:水田、静水塘

　　生态类群:静水型

　　地理区系:广布

　　保护等级:浙江省一般保护野生
动物

　　《IUCN 红色名录》:LC

　　《中国生物多样性红色名录》:LC

　　数据来源:《浙江动物志》编辑委员
会,1990a;费梁等,2009b;《凤阳山志》
编委会,2012;潘金贵等,1996

41.寒露林蛙

寒露林蛙 *Rana hanluica* Shen,
Jiang,and Yang,2007

　　科:蛙科 Ranidae

　　生境:水田、静水塘、山地

　　生态类群:陆栖静水型

　　地理区系:华中区

　　保护等级:无

　　《IUCN 红色名录》:DD

　　《中国生物多样性红色名录》:DD

　　数据来源:丽水市野生动物编目调
查;第二次全国陆生野生动物资源调
查;金伟等,2017

42.镇海林蛙

镇海林蛙 *Rana zhenhaiensis* Ye,

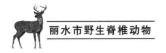

Fei,and Matsui,1995

  科:蛙科 Ranidae

  生境:水田、静水塘、山地

  生态类群:陆栖静水型

  地理区系:华中区

  保护等级:浙江省一般保护野生动物

  《IUCN 红色名录》:LC

  《中国生物多样性红色名录》:LC

  数据来源:《浙江动物志》编辑委员会,1990a;费梁等,2009b;中国两栖类 http://www. amphibiachina. org/;丽水市野生动物编目调查;第二次全国陆生野生动物资源调查;《凤阳山志》编委会,2012;潘金贵等,1996

43.布氏泛树蛙

  布氏泛树蛙 *Polypedates braueri* (Vogt,1911)

  科:树蛙科 Rhacophoridae

  生境:静水塘、山地

  生态类群:树栖型

  地理区系:华中区、华南区

  保护等级:浙江省重点保护野生动物

  《IUCN 红色名录》:DD

  《中国生物多样性红色名录》:LC

  数据来源:《浙江动物志》编辑委员会,1990a;费梁等,2009a;中国两栖类 http://www. amphibiachina. org/;丽水市野生动物编目调查;第二次全国陆生野生动物资源调查;《凤阳山志》编委会,2012;潘金贵等,1996

44.大树蛙

  大树蛙 *Zhangixalus dennysi*(Blanford,1881)

  科:树蛙科 Rhacophoridae

  生境:静水塘、山地

  生态类群:树栖型

  地理区系:华中区、华南区

  保护等级:浙江省重点保护野生动物

  《IUCN 红色名录》:LC

  《中国生物多样性红色名录》:LC

  数据来源:《浙江动物志》编辑委员会,1990a;费梁等,2009a;中国两栖类 http://www. amphibiachina. org/;丽水市野生动物编目调查;第二次全国陆生野生动物资源调查;《凤阳山志》编委会,2012;潘金贵等,1996

45.丽水树蛙

  丽水树蛙 *Zhangixalus lishuiensis* (Liu,Wang,and Jiang,2017)

  科:树蛙科 Rhacophoridae

  生境:水田、山地

  生态类群:树栖型

  地理区系:华中区

  保护等级:无

  《IUCN 红色名录》:NE

  《中国生物多样性红色名录》:无

  数据来源:中国两栖类 http://www. amphibiachina. org/;丽水市野生动物编目调查;第二次全国陆生野生动物资源调查;刘宝权等,2017

第6章 爬行类编目

根据丽水市野生动物编目调查及各方面文献、数据资料,丽水市共分布爬行类2目14科72种,占目前浙江省记录爬行类总数的81.82%,其中,龟鳖目3科6种,有鳞目11科66种。从分布型上分析,东洋型物种1目5科17种,占爬行类总数的23.61%;南中国型物种2目12科48种,占爬行类总数的66.67%;季风型物种1目3科7种,占爬行类总数的9.72%。区系成分上,南中国型物种占绝对优势,主要表现出以南中国型物种为主、东洋型和季风型物种相互渗透的区系特征。

一、龟鳖目 TESTUDINES

1. 鼋

鼋 *Pelochelys cantorii* Gray,1864

科:鳖科 Trionychidae

生境:河流、湖泊

生态类群:水栖型

地理区系:华南区、西南区

保护等级:国家一级重点保护野生动物

《IUCN 红色名录》:EN

《中国生物多样性红色名录》:CR

数据来源:《浙江动物志》编辑委员会,1990a;张孟闻等,1998

2. 中华鳖

中华鳖 *Pelodiscus sinensis* Wiegmann,1835

科:鳖科 Trionychidae

生境:河流、湖泊

生态类群:水栖型

地理区系:广布

保护等级:无

《IUCN 红色名录》:VU

《中国生物多样性红色名录》:EN

数据来源:《浙江动物志》编辑委员会,1990a;张孟闻等,1998;《凤阳山志》编委会,2012;潘金贵等,1996;陈德良,2015

3. 平胸龟

平胸龟 *Platysternon megacephalum* Gray,1831

科:平胸龟科 Platysternidae

生境:溪流

生态类群:水栖型

地理区系:华中区、华南区

保护等级:国家二级重点保护野生动物

《IUCN 红色名录》:EN

《中国生物多样性红色名录》:CR

数据来源:《浙江动物志》编辑委员会,1990a;张孟闻等,1998;丽水市野生动物编目调查;第二次全国陆生野生动物资源调查;潘金贵等,1996;陈德良,2015

4. 黄喉拟水龟

黄喉拟水龟 *Mauremys mutica* (Cantor,1831)

科:地龟科 Geoemydidae

生境:河流、湖泊

生态类群:水栖型

地理区系:华中区、华南区

保护等级:国家二级重点保护野生动物

《IUCN 红色名录》:EN

《中国生物多样性红色名录》:EN

数据来源:《浙江动物志》编辑委员会,1990a

5.乌龟

乌龟 *Mauremys reevesii*(Gray,1831)

科:地龟科 Geoemydidae

生境:河流、湖泊

生态类群:水栖型

地理区系:广布

保护等级:国家二级重点保护野生动物

《IUCN 红色名录》:EN

《中国生物多样性红色名录》:EN

数据来源:《浙江动物志》编辑委员会,1990a;张孟闻等,1998;《凤阳山志》编委会,2012;潘金贵等,1996;陈德良,2015

6.黄缘闭壳龟

黄缘闭壳龟 *Cuora flavomarginata*(Gray,1863)

科:地龟科 Geoemydidae

生境:山地、森林

生态类群:水栖型

地理区系:华中区、华南区

保护等级:国家二级重点保护野生动物

《IUCN 红色名录》:EN

《中国生物多样性红色名录》:CR

数据来源:《浙江动物志》编辑委员会,1990a;张孟闻等,1998

二、有鳞目 SQUAMATA

7.铅山壁虎

铅山壁虎 *Gekko hokouensis* Pope,1928

科:壁虎科 Gekkondiae

生境:山地、林缘

生态类群:陆栖型

地理区系:华中区、华南区

保护等级:浙江省一般保护野生动物

《IUCN 红色名录》:LC

《中国生物多样性红色名录》:LC

数据来源:《浙江动物志》编辑委员会,1990a;赵尔宓等,1999;丽水市野生动物编目调查;第二次全国陆生野生动物资源调查;《凤阳山志》编委会,2012;潘金贵等,1996;陈德良,2015

8.多疣壁虎

多疣壁虎 *Gekko japonicus*(Schlegel,1836)

科:壁虎科 Gekkondiae

生境:山地、林缘

生态类群:陆栖型

地理区系:华中区、华南区

保护等级:浙江省一般保护野生动物

《IUCN 红色名录》:LC

《中国生物多样性红色名录》:LC

数据来源:《浙江动物志》编辑委员会,1990a;赵尔宓等,1999;丽水市野生动物编目调查;第二次全国陆生野生动物资源调查;陈德良,2015

9. 蹼趾壁虎

蹼趾壁虎 *Gekko subpalmatus* (Günther, 1864)

科：壁虎科 Gekkonidae

生境：山地、林缘

生态类群：陆栖型

地理区系：华中区、华南区、西南区

保护等级：浙江省一般保护野生动物

《IUCN 红色名录》：NE

《中国生物多样性红色名录》：LC

数据来源：《浙江动物志》编辑委员会，1990a；赵尔宓等，1999；《凤阳山志》编委会，2012；潘金贵等，1996

10. 中国石龙子

中国石龙子 *Plestiodon chinensis* (Gray, 1838)

科：石龙子科 Scincidae

生境：山地、林缘、农田

生态类群：陆栖型

地理区系：华中区、华南区

保护等级：浙江省一般保护野生动物

《IUCN 红色名录》：NE

《中国生物多样性红色名录》：LC

数据来源：《浙江动物志》编辑委员会，1990a；赵尔宓等，1999；丽水市野生动物编目调查；第二次全国陆生野生动物资源调查；《凤阳山志》编委会，2012；潘金贵等，1996；陈德良，2015

11. 蓝尾石龙子

蓝尾石龙子 *Plestiodon elegans* (Boulenger, 1887)

科：石龙子科 Scincidae

生境：山地、林缘、农田

生态类群：陆栖型

地理区系：华中区、华南区

保护等级：浙江省一般保护野生动物

《IUCN 红色名录》：NE

《中国生物多样性红色名录》：LC

数据来源：《浙江动物志》编辑委员会，1990a；赵尔宓等，1999；丽水市野生动物编目调查；第二次全国陆生野生动物资源调查；《凤阳山志》编委会，2012；潘金贵等，1996；陈德良，2015

12. 铜蜓蜥

铜蜓蜥 *Sphenomorphus indicus* (Gray, 1853)

科：石龙子科 Scincidae

生境：山地、林缘、农田

生态类群：陆栖型

地理区系：华中区、华南区、西南区

保护等级：浙江省一般保护野生动物

《IUCN 红色名录》：NE

《中国生物多样性红色名录》：LC

数据来源：《浙江动物志》编辑委员会，1990a；赵尔宓等，1999；丽水市野生动物编目调查；第二次全国陆生野生动物资源调查；《凤阳山志》编委会，2012；潘金贵等，1996；陈德良，2015

13. 股鳞蜓蜥

股鳞蜓蜥 *Sphenomorphus incognitus* (Thompson, 1912)

科：石龙子科 Scincidae

生境：山地、林缘、农田

生态类群：陆栖型

地理区系：华中区、华南区

保护等级：无

《IUCN 红色名录》：LC

《中国生物多样性红色名录》：NT

数据来源：丽水市野生动物编目调查；第二次全国陆生野生动物资源调查

14. 宁波滑蜥

宁波滑蜥 *Scincella modesta* (Günther,

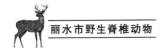

1864)

科:石龙子科 Scincidae

生境:山地、林缘、农田

生态类群:陆栖型

地理区系:华中区

保护等级:浙江省重点保护野生动物

《IUCN 红色名录》:LC

《中国生物多样性红色名录》:LC

数据来源:《浙江动物志》编辑委员会,1990a;赵尔宓等,1999;丽水市野生动物编目调查;第二次全国陆生野生动物资源调查;《凤阳山志》编委会,2012;陈德良,2015

15. 北草蜥

北草蜥 *Takydromus septentrionalis* (Günther,1864)

科:蜥蜴科 Lacertidae

生境:山地、林缘、农田、灌丛

生态类群:陆栖型

地理区系:华中区、华南区、西南区

保护等级:浙江省一般保护野生动物

《IUCN 红色名录》:LC

《中国生物多样性红色名录》:LC

数据来源:《浙江动物志》编辑委员会,1990a;《凤阳山志》编委会,2012;潘金贵等,1996;陈德良,2015

16. 南草蜥

南草蜥 *Takydromus sexlineatus* (Daudin,1802)

科:蜥蜴科 Lacertidae

生境:山地、林缘、农田、灌丛

生态类群:陆栖型

地理区系:华中区、华南区

保护等级:浙江省一般保护野生动物

《IUCN 红色名录》:LC

《中国生物多样性红色名录》:LC

数据来源:《浙江动物志》编辑委员会,1990a

17. 崇安草蜥

崇安草蜥 *Takydromus sylvaticus* (Pope,1928)

科:蜥蜴科 Lacertidae

生境:山地、林缘、农田、灌丛

生态类群:陆栖型

地理区系:华中区

保护等级:浙江省重点保护野生动物

《IUCN 红色名录》:NE

《中国生物多样性红色名录》:EN

数据来源:丽水市野生动物编目调查;第二次全国陆生野生动物资源调查

18. 脆蛇蜥

脆蛇蜥 *Dopasia harti* Boulenger,1899

科:蛇蜥科 Anguidae

生境:山地、森林

生态类群:陆栖型

地理区系:华中区、华南区、西南区

保护等级:国家二级重点保护野生动物

《IUCN 红色名录》:NE

《中国生物多样性红色名录》:EN

数据来源:《浙江动物志》编辑委员会,1990a;《凤阳山志》编委会,2012;潘金贵等,1996;陈德良,2015

19. 海南闪鳞蛇

海南闪鳞蛇 *Xenopeltis hainanensis* Hu & Zhao,1972

科:闪鳞蛇科 Xenopeltidae

生境:山地、森林

生态类群:陆栖型

地理区系:华中区、华南区

保护等级:浙江省一般保护野生动物

《IUCN 红色名录》:LC

《中国生物多样性红色名录》:NT

数据来源:《浙江动物志》编辑委员会,1990a;赵尔宓等,1998;丽水市野生动物编目调查;第二次全国陆生野生动物资源调查

20. 棕脊蛇

棕脊蛇 *Achalinus rufescens* Boulenger,1888

科:闪皮蛇科 Xenodermidae

生境:山地、森林

生态类群:陆栖型

地理区系:华中区、华南区

保护等级:浙江省一般保护野生动物

《IUCN 红色名录》:LC

《中国生物多样性红色名录》:LC

数据来源:《浙江动物志》编辑委员会,1990a;赵尔宓等,1998;丽水市野生动物编目调查;第二次全国陆生野生动物资源调查

21. 黑脊蛇

黑脊蛇 *Achalinns spinalis* Peters,1869

科:闪皮蛇科 Xenodermidae

生境:山地、森林

生态类群:陆栖型

地理区系:华中区、华南区、西南区

保护等级:浙江省一般保护野生动物

《IUCN 红色名录》:NE

《中国生物多样性红色名录》:LC

数据来源:《浙江动物志》编辑委员会,1990a;赵尔宓等,1998;《凤阳山志》编委会,2012;潘金贵等,1996;陈德良,2015

22. 中国钝头蛇

中国钝头蛇 *Pareas chinensis*（Barbour,1912)

科:钝头蛇科 Pareatidae

生境:山地、林缘、灌丛

生态类群:陆栖型

地理区系:华中区、华南区、西南区

保护等级:浙江省一般保护野生动物

《IUCN 红色名录》:LC

《中国生物多样性红色名录》:LC

数据来源:《浙江动物志》编辑委员会,1990a;赵尔宓等,1998;丽水市野生动物编目调查;第二次全国陆生野生动物资源调查;《凤阳山志》编委会,2012;潘金贵等,1996

23. 平鳞钝头蛇

平鳞钝头蛇 *Pareas boulengeri*（Angel,1920)

科:钝头蛇科 Pareatidae

生境:山地、林缘、灌丛

生态类群:陆栖型

地理区系:华中区

保护等级:无

《IUCN 红色名录》:LC

《中国生物多样性红色名录》:LC

数据来源:陈德良,2015

24. 福建钝头蛇

福建钝头蛇 *Pareas stanleyi*（Boulenger,1914)

科:钝头蛇科 Pareatidae

生境:山地、林缘、灌丛

生态类群:陆栖型

地理区系:华中区

保护等级:浙江省一般保护野生动物

《IUCN 红色名录》:DD

《中国生物多样性红色名录》:LC

数据来源:赵尔宓等,1999

25. 白头蝰

白头蝰 *Azemiops kharini* Orlov,

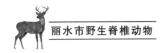

Ryabov and Nguyen,2013

科:蝰科 Viperidae

生境:山地、森林

生态类群:陆栖型

地理区系:华中区、华南区、西南区

保护等级:浙江省重点保护野生动物

《IUCN 红色名录》:LC

《中国生物多样性红色名录》:VU

数据来源:丽水市野生动物编目调查;第二次全国陆生野生动物资源调查

26.短尾蝮

短尾蝮 *Gloydius brevicaudus*(Stejneger,1907)

科:蝰科 Viperidae

生境:农田、沼泽、湖泊

生态类群:陆栖型

地理区系:广布

保护等级:浙江省一般保护野生动物

《IUCN 红色名录》:NE

《中国生物多样性红色名录》:NT

数据来源:《浙江动物志》编辑委员会,1990a;赵尔宓等,1998;丽水市野生动物编目调查;第二次全国陆生野生动物资源调查

27.福建绿蝮

福建绿蝮 *Viridovipera stejnegeri*(Schmidt,1925)

科:蝰科 Viperidae

生境:山地、森林、林缘、灌丛

生态类群:陆栖型

地理区系:华中区、华南区、西南区

保护等级:浙江省一般保护野生动物

《IUCN 红色名录》:LC

《中国生物多样性红色名录》:LC

数据来源:《浙江动物志》编辑委员

会,1990a;赵尔宓等,1998;丽水市野生动物编目调查;第二次全国陆生野生动物资源调查;《凤阳山志》编委会,2012;潘金贵等,1996;陈德良,2015

28.尖吻蝮

尖吻蝮 *Deinagkistrodon acutus*(Günther,1888)

科:蝰科 Viperidae

生境:山地、森林

生态类群:陆栖型

地理区系:华中区、华南区

保护等级:浙江省重点保护野生动物

《IUCN 红色名录》:NE

《中国生物多样性红色名录》:EN

数据来源:《浙江动物志》编辑委员会,1990a;赵尔宓等,1998;丽水市野生动物编目调查;第二次全国陆生野生动物资源调查;《凤阳山志》编委会,2012;潘金贵等,1996;陈德良,2015

29.原矛头蝮

原矛头蝮 *Protobothrops mucrosquamatus*(Cantor,1839)

科:蝰科 Viperidae

生境:山地、森林、林缘、灌丛

生态类群:陆栖型

地理区系:华中区、华南区、西南区

保护等级:浙江省一般保护野生动物

《IUCN 红色名录》:LC

《中国生物多样性红色名录》:LC

数据来源:《浙江动物志》编辑委员会,1990a;赵尔宓等,1998;丽水市野生动物编目调查;第二次全国陆生野生动物资源调查;《凤阳山志》编委会,2012;潘金贵等,1996

30.台湾烙铁头蛇

台湾烙铁头蛇 *Ovophis makazayazaya*

(Takahashi,1922)

科:蝰科 Viperidae

生境:山地、森林

生态类群:陆栖型

地理区系:华中区、华南区、西南区

保护等级:浙江省一般保护野生动物

《IUCN 红色名录》:LC

《中国生物多样性红色名录》:NT

数据来源:《浙江动物志》编辑委员会,1990a;赵尔宓等,1998;丽水市野生动物编目调查;第二次全国陆生野生动物资源调查;《凤阳山志》编委会,2012;潘金贵等,1996;陈德良,2015

31. 中国沼蛇

中国沼蛇 *Myrrophis chinensis* (Gray,1842)

科:水蛇科 Homalopsidae

生境:沼泽、水田、湖泊

生态类群:水栖型

地理区系:华中区、华南区

保护等级:无

《IUCN 红色名录》:NE

《中国生物多样性红色名录》:VU

数据来源:《浙江动物志》编辑委员会,1990a;赵尔宓等,1998;《凤阳山志》编委会,2012;陈德良,2015

32. 铅色蛇

铅色蛇 *Hypsiscopus plumbea* (Boie,1827)

科:水蛇科 Homalopsidae

生境:沼泽、水田、湖泊

生态类群:水栖型

地理区系:华中区、华南区

保护等级:无

《IUCN 红色名录》:NE

《中国生物多样性红色名录》:VU

数据来源:潘金贵等,1996

33. 福建华珊瑚蛇

福建华珊瑚蛇 *Sinomicrurus kelloggi* (Pope,1928)

科:眼镜蛇科 Elapidae

生境:山地、森林

生态类群:陆栖型

地理区系:华中区、华南区

保护等级:浙江省一般保护野生动物

《IUCN 红色名录》:LC

《中国生物多样性红色名录》:LC

数据来源:赵尔宓等,1999

34. 中华珊瑚蛇

中华珊瑚蛇 *Sinomicrurus macclellandi* (Reinhardt,1844)

科:眼镜蛇科 Elapidae

生境:山地、森林

生态类群:陆栖型

地理区系:华中区、华南区、西南区

保护等级:浙江省一般保护野生动物

《IUCN 红色名录》:NE

《中国生物多样性红色名录》:VU

数据来源:《凤阳山志》编委会,2012;潘金贵等,1996;陈德良,2015

35. 眼镜王蛇

眼镜王蛇 *Ophiophagus hannah* (Cantor,1836)

科:眼镜蛇科 Elapidae

生境:山地、林缘、农田

生态类群:陆栖型

地理区系:华中区、华南区、西南区

保护等级:国家二级重点保护野生动物

《IUCN 红色名录》:VU

《中国生物多样性红色名录》:EN

数据来源:《浙江动物志》编辑委员会,1990a;赵尔宓等,1998;丽水市野生

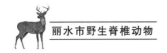

动物编目调查;第二次全国陆生野生动物资源调查;陈德良,2015

36.舟山眼镜蛇

舟山眼镜蛇 *Naja atra* Cantor,1842

科:眼镜蛇科 Elapidae

生境:山地、林缘、农田

生态类群:陆栖型

地理区系:华中区、华南区

保护等级:浙江省重点保护野生动物

《IUCN 红色名录》:VU

《中国生物多样性红色名录》:VU

数据来源:《浙江动物志》编辑委员会,1990a;赵尔宓等,1998;潘金贵等,1996;陈德良,2015

37.银环蛇

银环蛇 *Bungarus multicinctus* Blyth,1861

科:眼镜蛇科 Elapidae

生境:山地、林缘、农田、溪流

生态类群:陆栖型

地理区系:华中区、华南区、西南区

保护等级:浙江省一般保护野生动物

《IUCN 红色名录》:LC

《中国生物多样性红色名录》:EN

数据来源:《浙江动物志》编辑委员会,1990a;赵尔宓等,1998;丽水市野生动物编目调查;第二次全国陆生野生动物资源调查;《凤阳山志》编委会,2012;潘金贵等,1996;陈德良,2015

38.钝尾两头蛇

钝尾两头蛇 *Calamaria septentrionalis* Boulenger,1890

科:游蛇科 Colubridae

生境:山地、农田

生态类群:陆栖型

地理区系:华中区、华南区、西南区

保护等级:浙江省一般保护野生动物

《IUCN 红色名录》:LC

《中国生物多样性红色名录》:LC

数据来源:《浙江动物志》编辑委员会,1990a;赵尔宓等,1998;丽水市野生动物编目调查;第二次全国陆生野生动物资源调查

39.横纹斜鳞蛇

横纹斜鳞蛇 *Pseudoxenodon bambusicola* Vogt,1922

科:游蛇科 Colubridae

生境:山地、森林

生态类群:陆栖型

地理区系:华中区、华南区、西南区

保护等级:浙江省一般保护野生动物

《IUCN 红色名录》:LC

《中国生物多样性红色名录》:LC

数据来源:《浙江动物志》编辑委员会,1990a;赵尔宓等,1998;丽水市野生动物编目调查;第二次全国陆生野生动物资源调查;《凤阳山志》编委会,2012;潘金贵等,1996;陈德良,2015

40.纹尾斜鳞蛇

纹尾斜鳞蛇 *Pseudoxenodon stejnegeri* Barbour,1908

科:游蛇科 Colubridae

生境:山地、森林

生态类群:陆栖型

地理区系:华中区、华南区、西南区

保护等级:浙江省一般保护野生动物

《IUCN 红色名录》:LC

《中国生物多样性红色名录》:LC

数据来源:《浙江动物志》编辑委员会,1990a;赵尔宓等,1998;丽水市野生动物编目调查;第二次全国陆生野生动

物资源调查;《凤阳山志》编委会,2012;潘金贵等,1996;陈德良,2015

41. 黑头剑蛇

黑头剑蛇 *Sibynophis chinensis* (Günther,1889)

科:游蛇科 Colubridae

生境:山地、森林

生态类群:陆栖型

地理区系:华中区、华南区、西南区

保护等级:浙江省一般保护野生动物

《IUCN 红色名录》:LC

《中国生物多样性红色名录》:LC

数据来源:《浙江动物志》编辑委员会,1990a;赵尔宓等,1998;《凤阳山志》编委会,2012;潘金贵等,1996;陈德良,2015;丽水市野生动物编目调查

42. 繁花林蛇

繁花林蛇 *Boiga multomaculata* (Boie,1827)

科:游蛇科 Colubridae

生境:山地、森林

生态类群:陆栖型

地理区系:华中区、华南区

保护等级:无

《IUCN 红色名录》:NE

《中国生物多样性红色名录》:LC

数据来源:《浙江动物志》编辑委员会,1990a;赵尔宓等,1998

43. 绞花林蛇

绞花林蛇 *Boiga kraepelini* Stejneger,1902

科:游蛇科 Colubridae

生境:山地、森林

生态类群:陆栖型

地理区系:华中区、华南区、西南区

保护等级:浙江省一般保护野生动物

《IUCN 红色名录》:LC

《中国生物多样性红色名录》:LC

数据来源:《浙江动物志》编辑委员会,1990a;赵尔宓等,1998;丽水市野生动物编目调查;第二次全国陆生野生动物资源调查;《凤阳山志》编委会,2012;潘金贵等,1996;陈德良,2015

44. 中国小头蛇

中国小头蛇 *Oligodon chinensis* (Günther,1888)

科:游蛇科 Colubridae

生境:山地、森林

生态类群:陆栖型

地理区系:华中区、华南区

保护等级:浙江省一般保护野生动物

《IUCN 红色名录》:LC

《中国生物多样性红色名录》:LC

数据来源:《浙江动物志》编辑委员会,1990a;赵尔宓等,1998;丽水市野生动物编目调查;第二次全国陆生野生动物资源调查;《凤阳山志》编委会,2012;潘金贵等,1996;陈德良,2015

45. 饰纹小头蛇

饰纹小头蛇 *Oligodon ornatus* Van Denburgh,1909

科:游蛇科 Colubridae

生境:山地、森林

生态类群:陆栖型

地理区系:华中区、华南区、西南区

保护等级:浙江省一般保护野生动物

《IUCN 红色名录》:LC

《中国生物多样性红色名录》:NT

数据来源:《浙江动物志》编辑委员会,1990a;赵尔宓等,1998

46. 台湾小头蛇

台湾小头蛇 *Oligodon formosanus*

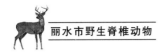

(Günther,1872)

科:游蛇科 Colubridae

生境:山地、森林

生态类群:陆栖型

地理区系:华中区、华南区

保护等级:浙江省一般保护野生动物

《IUCN 红色名录》:LC

《中国生物多样性红色名录》:NT

数据来源:《浙江动物志》编辑委员会,1990a;赵尔宓等,1998;丽水市野生动物编目调查;第二次全国陆生野生动物资源调查;《凤阳山志》编委会,2012;潘金贵等,1996;陈德良,2015

47. 翠青蛇

翠青蛇 *Ptyas major*(Günther, 1858)

科:游蛇科 Colubridae

生境:山地、森林、灌丛

生态类群:陆栖型

地理区系:华中区、华南区、西南区

保护等级:浙江省一般保护野生动物

《IUCN 红色名录》:LC

《中国生物多样性红色名录》:LC

数据来源:《浙江动物志》编辑委员会,1990a;赵尔宓等,1998;丽水市野生动物编目调查;第二次全国陆生野生动物资源调查;《凤阳山志》编委会,2012;潘金贵等,1996;陈德良,2015

48. 滑鼠蛇

滑鼠蛇 *Ptyas mucosus*(Linnaeus, 1758)

科:游蛇科 Colubridae

生境:山地、森林、沼泽、农田

生态类群:陆栖型

地理区系:华中区、华南区、西南区

保护等级:浙江省一般保护野生

动物

《IUCN 红色名录》:NE

《中国生物多样性红色名录》:VU

数据来源:《浙江动物志》编辑委员会,1990a;赵尔宓等,1998;《凤阳山志》编委会,2012;潘金贵等,1996;陈德良,2015

49. 灰鼠蛇

灰鼠蛇 *Ptyas korros*(Schlegel, 1837)

科:游蛇科 Colubridae

生境:山地、森林、沼泽、农田

生态类群:陆栖型

地理区系:华中区、华南区、西南区

保护等级:浙江省重点保护野生动物

《IUCN 红色名录》:NE

《中国生物多样性红色名录》:EN

数据来源:《浙江动物志》编辑委员会,1990a;赵尔宓等,1998;《凤阳山志》编委会,2012;潘金贵等,1996;陈德良,2015

50. 乌梢蛇

乌梢蛇 *Ptyas dhumnades*(Cantor, 1842)

科:游蛇科 Colubridae

生境:山地、森林、沼泽、农田

生态类群:陆栖型

地理区系:华中区、华南区、西南区

保护等级:浙江省一般保护野生动物

《IUCN 红色名录》:NE

《中国生物多样性红色名录》:VU

数据来源:《浙江动物志》编辑委员会,1990a;赵尔宓等,1998;丽水市野生动物编目调查;第二次全国陆生野生动物资源调查;《凤阳山志》编委会,2012;潘金贵等,1996;陈德良,2015

51. 灰腹绿蛇

灰腹绿蛇 *Gonyosoma frenatus* (Gray,1853)

科:游蛇科 Colubridae
生境:山地、森林、灌丛
生态类群:陆栖型
地理区系:华南区、西南区
保护等级:浙江省一般保护野生动物
《IUCN 红色名录》:NE
《中国生物多样性红色名录》:LC
数据来源:《浙江动物志》编辑委员会,1990a;赵尔宓等,1998;丽水市野生动物编目调查;第二次全国陆生野生动物资源调查;《凤阳山志》编委会,2012;潘金贵等,1996;陈德良,2015

52. 黑背链蛇

黑背链蛇 *Lycodon ruhstrati* (Fischer,1886)

科:游蛇科 Colubridae
生境:山地、森林
生态类群:陆栖型
地理区系:华中区、华南区、西南区
保护等级:浙江省一般保护野生动物
《IUCN 红色名录》:LC
《中国生物多样性红色名录》:LC
数据来源:《浙江动物志》编辑委员会,1990a;赵尔宓等,1998;丽水市野生动物编目调查;第二次全国陆生野生动物资源调查;《凤阳山志》编委会,2012;潘金贵等,1996;陈德良,2015

53. 刘氏链蛇

刘氏链蛇 *Lycodon liuchengchaoi* Zhang,Jiang,Vogel and Rao,2011

科:游蛇科 Colubridae
生境:山地、森林
生态类群:陆栖型

地理区系:华中区
保护等级:无
《IUCN 红色名录》:NE
《中国生物多样性红色名录》:LC
数据来源:彭丽芳等,2017

54. 福清链蛇

福清链蛇 *Lycodon futsingensis* (Pope,1928)

科:游蛇科 Colubridae
生境:山地、森林
生态类群:陆栖型
地理区系:华中区、华南区
保护等级:无
《IUCN 红色名录》:LC
《中国生物多样性红色名录》:NT
数据来源:彭丽芳等,2015

55. 黄链蛇

黄链蛇 *Lycodon flavozonatum* (Pope,1928)

科:游蛇科 Colubridae
生境:山地、森林、溪流、林缘
生态类群:陆栖型
地理区系:华中区、华南区、西南区
保护等级:浙江省一般保护野生动物
《IUCN 红色名录》:NE
《中国生物多样性红色名录》:LC
数据来源:《浙江动物志》编辑委员会,1990a;赵尔宓等,1998;丽水市野生动物编目调查;第二次全国陆生野生动物资源调查;《凤阳山志》编委会,2012;潘金贵等,1996;陈德良,2015

56. 赤链蛇

赤链蛇 *Lycodon rufozonatum* Cantor,1842

科:游蛇科 Colubridae
生境:山地、森林、溪流、林缘、农田、沼泽

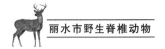
生态类群:陆栖型

地理区系:广布

保护等级:浙江省一般保护野生动物

《IUCN 红色名录》:LC

《中国生物多样性红色名录》:LC

数据来源:《浙江动物志》编辑委员会,1990a;赵尔宓等,1998;丽水市野生动物编目调查;第二次全国陆生野生动物资源调查;《凤阳山志》编委会,2012;潘金贵等,1996;陈德良,2015

57. 玉斑蛇

玉斑蛇 *Euprepiophis mandarinus* (Cantor,1842)

科:游蛇科 Colubridae

生境:山地、森林

生态类群:陆栖型

地理区系:广布

保护等级:浙江省重点保护野生动物

《IUCN 红色名录》:LC

《中国生物多样性红色名录》:VU

数据来源:《浙江动物志》编辑委员会,1990a;赵尔宓等,1998;丽水市野生动物编目调查;第二次全国陆生野生动物资源调查;《凤阳山志》编委会,2012;潘金贵等,1996;陈德良,2015

58. 紫灰蛇

紫灰蛇 *Oreocryptophis porphyraceus* (Cantor,1839)

科:游蛇科 Colubridae

生境:山地、森林

生态类群:陆栖型

地理区系:华中区、华南区、西南区

保护等级:浙江省一般保护野生动物

《IUCN 红色名录》:NE

《中国生物多样性红色名录》:LC

数据来源:《浙江动物志》编辑委员会,1990a;赵尔宓等,1998;丽水市野生动物编目调查;第二次全国陆生野生动物资源调查;《凤阳山志》编委会,2012;潘金贵等,1996;陈德良,2015

59. 黑眉锦蛇

黑眉锦蛇 *Elaphe taeniura* (Cope,1861)

科:游蛇科 Colubridae

生境:山地、森林、林缘、农田

生态类群:陆栖型

地理区系:广布

保护等级:浙江省重点保护野生动物

《IUCN 红色名录》:NE

《中国生物多样性红色名录》:EN

数据来源:《浙江动物志》编辑委员会,1990a;赵尔宓等,1998;丽水市野生动物编目调查;第二次全国陆生野生动物资源调查;《凤阳山志》编委会,2012;潘金贵等,1996;陈德良,2015

60. 双斑锦蛇

双斑锦蛇 *Elaphe bimaculata* Schmidt,1925

科:游蛇科 Colubridae

生境:山地、森林、林缘、农田

生态类群:陆栖型

地理区系:华中区

保护等级:浙江省一般保护野生动物

《IUCN 红色名录》:LC

《中国生物多样性红色名录》:LC

数据来源:《浙江动物志》编辑委员会,1990a;赵尔宓等,1998;《凤阳山志》编委会,2012;潘金贵等,1996;陈德良,2015

61. 王锦蛇

王锦蛇 *Elaphe carinata* (Günther,

1864)

　　科:游蛇科 Colubridae
　　生境:山地、森林、林缘、农田
　　生态类群:陆栖型
　　地理区系:广布
　　保护等级:浙江省重点保护野生
动物

　　《IUCN 红色名录》:NE
　　《中国生物多样性红色名录》:EN
　　数据来源:《浙江动物志》编辑委员
会,1990a;赵尔宓等,1998;丽水市野生
动物编目调查;第二次全国陆生野生动
物资源调查;《凤阳山志》编委会,2012;
潘金贵等,1996;陈德良,2015

62. 红纹滞卵蛇

　　红纹滞卵蛇 *Oocatochus rufodorsatus*
(Cantor,1842)

　　科:游蛇科 Colubridae
　　生境:河流、湖泊、山地
　　生态类群:陆栖型
　　地理区系:广布
　　保护等级:浙江省一般保护野生
动物

　　《IUCN 红色名录》:NE
　　《中国生物多样性红色名录》:LC
　　数据来源:《浙江动物志》编辑委员
会,1990a;赵尔宓等,1998;《凤阳山志》
编委会,2012;潘金贵等,1996;陈德良,
2015

63. 草腹链蛇

　　草腹链蛇 *Amphiesma stolatum*
(Linnaeus,1758)

　　科:游蛇科 Colubridae
　　生境:山地、农田
　　生态类群:陆栖型
　　地理区系:华中区、华南区
　　保护等级:浙江省一般保护野生
动物

　　《IUCN 红色名录》:NE
　　《中国生物多样性红色名录》:LC
　　数据来源:《浙江动物志》编辑委员
会,1990a;赵尔宓等,1998;丽水市野生
动物编目调查;第二次全国陆生野生动
物资源调查;《凤阳山志》编委会,2012;
潘金贵等,1996;陈德良,2015

64. 锈链腹链蛇

　　锈链腹链蛇 *Hebius craspedogaster*
(Boulenger,1899)

　　科:游蛇科 Colubridae
　　生境:山地、溪流、农田
　　生态类群:陆栖型
　　地理区系:华中区、华南区、西南区
　　保护等级:浙江省一般保护野生
动物

　　《IUCN 红色名录》:LC
　　《中国生物多样性红色名录》:LC
　　数据来源:《浙江动物志》编辑委员
会,1990a;赵尔宓等,1998;丽水市野生
动物编目调查;第二次全国陆生野生动
物资源调查;《凤阳山志》编委会,2012;
潘金贵等,1996;陈德良,2015

65. 颈棱蛇

　　颈棱蛇 *Pseudoagkistrodon rudis*
Boulenger,1906

　　科:游蛇科 Colubridae
　　生境:山地、森林
　　生态类群:陆栖型
　　地理区系:华中区、华南区、西南区
　　保护等级:浙江省一般保护野生
动物

　　《IUCN 红色名录》:LC
　　《中国生物多样性红色名录》:LC
　　数据来源:《浙江动物志》编辑委员
会,1990a;赵尔宓等,1998;丽水市野生
动物编目调查;第二次全国陆生野生动
物资源调查;《凤阳山志》编委会,2012;

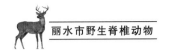

潘金贵等,1996;陈德良,2015

66. 虎斑颈槽蛇

虎斑颈槽蛇 Rhabdophis tigrinus (Boie,1826)

科:游蛇科 Colubridae

生境:山地、溪流、农田、林缘、沼泽

生态类群:陆栖型

地理区系:广布

保护等级:浙江省一般保护野生动物

《IUCN 红色名录》:NE

《中国生物多样性红色名录》:LC

数据来源:《浙江动物志》编辑委员会,1990a;赵尔宓等,1998;丽水市野生动物编目调查;第二次全国陆生野生动物资源调查;《凤阳山志》编委会,2012;潘金贵等,1996;陈德良,2015

67. 黄斑渔游蛇

黄斑渔游蛇 Xenochrophis flavipunctata (Hallowell,1860)

科:游蛇科 Colubridae

生境:河流、山地

生态类群:陆栖型

地理区系:华中区、华南区、西南区

保护等级:无

《IUCN 红色名录》:NE

《中国生物多样性红色名录》:LC

数据来源:《浙江动物志》编辑委员会,1990a;赵尔宓等,1998;《凤阳山志》编委会,2012;潘金贵等,1996;陈德良,2015

68. 山溪后棱蛇

山溪后棱蛇 Opisthotropis latouchii (Boulenger,1899)

科:游蛇科 Colubridae

生境:溪流、湖泊

生态类群:水栖型

地理区系:华中区、华南区

保护等级:浙江省一般保护野生动物

《IUCN 红色名录》:LC

《中国生物多样性红色名录》:LC

数据来源:《浙江动物志》编辑委员会,1990a;赵尔宓等,1998;丽水市野生动物编目调查;第二次全国陆生野生动物资源调查;《凤阳山志》编委会,2012;潘金贵等,1996;陈德良,2015

69. 挂墩后棱蛇

挂墩后棱蛇 Opisthotropis kuatunensis Pope,1928

科:游蛇科 Colubridae

生境:溪流、湖泊

生态类群:水栖型

地理区系:华中区、华南区

保护等级:浙江省一般保护野生动物

《IUCN 红色名录》:LC

《中国生物多样性红色名录》:LC

数据来源:《浙江动物志》编辑委员会,1990a;赵尔宓等,1998

70. 赤链华游蛇

赤链华游蛇 Sinonatrix annularis (Hallowell,1856)

科:游蛇科 Colubridae

生境:溪流、湖泊、山地

生态类群:水栖型

地理区系:华中区、华南区

保护等级:无

《IUCN 红色名录》:NE

《中国生物多样性红色名录》:VU

数据来源:《浙江动物志》编辑委员会,1990a;赵尔宓等,1998;丽水市野生动物编目调查;第二次全国陆生野生动物资源调查;《凤阳山志》编委会,2012;潘金贵等,1996;陈德良,2015

71. 乌华游蛇

乌华游蛇 Sinonatrix percarinata

(Boulenger,1899)

　　科:游蛇科 Colubridae

　　生境:溪流、湖泊、山地

　　生态类群:水栖型

　　地理区系:华中区、华南区、西南区

　　保护等级:无

　　《IUCN 红色名录》:LC

　　《中国生物多样性红色名录》:VU

　　数据来源:《浙江动物志》编辑委员会,1990a;赵尔宓等,1998;丽水市野生动物编目调查;第二次全国陆生野生动物资源调查;《凤阳山志》编委会,2012;潘金贵等,1996;陈德良,2015

72.环纹华游蛇

环纹华游蛇 *Sinonatrix aequi fasciata* (Barbour,1908)

　　科:游蛇科 Colubridae

　　生境:溪流、湖泊、山地

　　生态类群:水栖型

　　地理区系:华中区、华南区

　　保护等级:无

　　《IUCN 红色名录》:NE

　　《中国生物多样性红色名录》:VU

　　数据来源:《浙江动物志》编辑委员会,1990a;赵尔宓等,1998;《凤阳山志》编委会,2012;潘金贵等,1996;陈德良,2015

第7章 鸟类编目

根据丽水市野生动物编目调查及各方面文献、数据资料,丽水市共分布鸟类 20 目 80 科 414 种,占目前浙江省记录鸟类总数的 74.86%,其中非雀形目鸟类 19 目 37 科 212 种,雀形目鸟类 43 科 202 种。

从居留型分析,有留鸟 150 种,占鸟类总数的 36.23%;夏候鸟 66 种,占鸟类总数的 15.94%;冬候鸟 117 种,占鸟类总数的 28.26%;旅鸟 77 种,占鸟类总数的 18.60%;迷鸟 4 种,占鸟类总数的 0.97%。丽水市共有繁殖鸟(留鸟和夏候鸟之和) 216 种,占鸟类总数的 52.17%;非繁殖鸟(冬候鸟、旅鸟和迷鸟之和)198 种,占鸟类总数的 47.83%。

丽水在中国动物地理区划上属东洋界中印亚界的华中区东部丘陵平原亚区,这一地区的鸟类区系特点为繁殖鸟类区系以东洋界物种为主。调查发现的鸟种区系组成上东洋界与古北界物种的比例接近,其主要原因是丽水市处于东亚—澳大利亚候鸟迁徙通道,越冬、过境的鸟类(鸭科、鸻科、鹬科等多为古北界物种)种类数量显著,故而使得古北界成分较高。

一、鸡形目 GALLIFORMES

1. 鹌鹑

鹌鹑 *Coturnix japonica* Temminck & Schlegel,1849

科:雉科 Phasianidae

栖息环境:平原、丘陵、沼泽、湖泊、溪流的矮草地

生态类群:鹑鸡类

地理区系:古北界

居留类型:冬候鸟

保护等级:浙江省一般保护野生动物

《IUCN 红色名录》:NT

《中国生物多样性红色名录》:LC

数据来源:宋世和,2015;宋世和,2018

2. 白眉山鹧鸪

白眉山鹧鸪 *Arborophila gingica* (Gmelin,JF,1789)

科:雉科 Phasianidae

栖息环境:海拔 1000m 以下的低山丘陵地带阔叶林中

生态类群:鹑鸡类

地理区系:东洋界

居留类型:留鸟

保护等级:国家二级重点保护野生动物

《IUCN 红色名录》:NT

《中国生物多样性红色名录》:VU

数据来源:丽水市野生动物编目调查;宋世和,2015;宋世和,2018

3. 灰胸竹鸡

灰胸竹鸡 *Bambusicola thoracica* Temminck,1815

科:雉科 Phasianidae

栖息环境:低山丘陵和山脚平原地带的竹林、灌丛、草丛、耕地、村屯附近

生态类群:鹑鸡类

地理区系:东洋界

居留类型:留鸟

保护等级:浙江省一般保护野生动物

《IUCN 红色名录》:NE

《中国生物多样性红色名录》:LC

数据来源:第二次全国陆生野生动物资源调查;《浙江动物志》编辑委员会,1990b;丽水市野生动物编目调查;龙泉市林业局,2009;《凤阳山志》编委会,2012;洪起平等,2007;宋世和,2015;宋世和,2018

4. 黄腹角雉

黄腹角雉 *Tragopan caboti*(Gould,1857)

科:雉科 Phasianidae

栖息环境:主要栖息于亚热带山地常绿阔叶林和针叶阔叶混交林中

生态类群:鹑鸡类

地理区系:东洋界

居留类型:留鸟

保护等级:国家一级重点保护野生动物

《IUCN 红色名录》:VU

《中国生物多样性红色名录》:EN

数据来源:丽水市野生动物编目调查;龙泉市林业局,2009;《凤阳山志》编委会,2012;洪起平等,2007;宋世和,2015;宋世和,2018

5. 勺鸡

勺鸡 *Pucrasia macrolopha*(Lesson,

R,1829)

科:雉科 Phasianidae

栖息环境:针阔叶混交林,密生灌丛的多岩坡地、灌丛、开阔的多岩林地、松树林及杜鹃林

生态类群:鹑鸡类

地理区系:东洋界

居留类型:留鸟

保护等级:国家二级重点保护野生动物

《IUCN 红色名录》:LC

《中国生物多样性红色名录》:LC

数据来源:《浙江动物志》编辑委员会,1990b;丽水市野生动物编目调查;龙泉市林业局,2009;《凤阳山志》编委会,2012;洪起平等,2007;宋世和,2015;宋世和,2018

6. 白鹇

白鹇 *Lophura nycthemera*(Linnaeus,1758)

科:雉科 Phasianidae

栖息环境:主要栖息于海拔 2000m以下的亚热带常绿阔叶林中

生态类群:鹑鸡类

地理区系:东洋界

居留类型:留鸟

保护等级:国家二级重点保护野生动物

《IUCN 红色名录》:LC

《中国生物多样性红色名录》:LC

数据来源:第二次全国陆生野生动物资源调查;《浙江动物志》编辑委员会,1990b;丽水市野生动物编目调查;龙泉市林业局,2009;《凤阳山志》编委会,2012;洪起平等,2007;宋世和,2015;宋世和,2018

7. 白颈长尾雉

白颈长尾雉 *Syrmaticus ellioti*

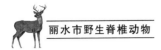

(Swinhoe,1872)

科:雉科 Phasianidae

栖息环境:主要栖息于海拔1000m以下的低山丘陵地区的阔叶林、针阔叶混交林、针叶林、竹林和林缘灌丛地带

生态类群:鹑鸡类

地理区系:东洋界

居留类型:留鸟

保护等级:国家一级重点保护野生动物

《IUCN 红色名录》:NT

《中国生物多样性红色名录》:VU

数据来源:《浙江动物志》编辑委员会,1990b;丽水市野生动物编目调查;宋世和,2015;宋世和,2018

8.环颈雉

环颈雉 *Phasianus colchicus* Linnaeus,1758

科:雉科 Phasianidae

栖息环境:不同高度的开阔林地、灌木丛、半荒漠及农耕地

生态类群:鹑鸡类

地理区系:广布

居留类型:留鸟

保护等级:浙江省一般保护野生动物

《IUCN 红色名录》:LC

《中国生物多样性红色名录》:LC

数据来源:《浙江动物志》编辑委员会,1990b;丽水市野生动物编目调查;龙泉市林业局,2009;《凤阳山志》编委会,2012;宋世和,2015;宋世和,2018

二、雁形目 ANSERIFORMES

9.小天鹅

小天鹅 *Cygnus columbianus*(Ord,1815)

科:鸭科 Anatidae

栖息环境:多芦苇、蒲草和其他水生植物的大型湖泊、水库、水塘、河湾等

生态类群:游禽类

地理区系:古北界

居留类型:冬候鸟

保护等级:国家二级重点保护野生动物

《IUCN 红色名录》:LC

《中国生物多样性红色名录》:NT

数据来源:丽水市野生动物编目调查;《浙江动物志》编辑委员会,1990b;宋世和,2015;宋世和,2018

10.鸿雁

鸿雁 *Anser cygnoides*(Linnaeus,1758)

科:鸭科 Anatidae

栖息环境:湖泊,并在附近的草地田野取食

生态类群:游禽类

地理区系:古北界

居留类型:冬候鸟

保护等级:国家二级重点保护野生动物

《IUCN 红色名录》:VU

《中国生物多样性红色名录》:VU

数据来源:丽水市野生动物编目调查;《浙江动物志》编辑委员会,1990b;宋世和,2015;宋世和,2018

11.豆雁

豆雁 *Anser fabalis*(Latham,1787)

科:鸭科 Anatidae

栖息环境:近湖泊的沼泽地带及稻

荒地

生态类群:游禽类

地理区系:古北界

居留类型:冬候鸟

保护等级:浙江省重点保护野生动物

《IUCN 红色名录》:LC

《中国生物多样性红色名录》:LC

数据来源:丽水市野生动物编目调查;宋世和,2015;宋世和,2018

12. 短嘴豆雁

短嘴豆雁 *Anser serrirostris* Gould,1852

科:鸭科 Anatidae

栖息环境:平原地区开阔的水边草地、农田、河流、湖泊、沼泽等

生态类群:游禽类

地理区系:古北界

居留类型:冬候鸟

保护等级:浙江省一般保护野生动物

《IUCN 红色名录》:NE

《中国生物多样性红色名录》:LC

数据来源:宋世和,2015;宋世和,2018

13. 白额雁

白额雁 *Anser albifrons*(Scopoli,1769)

科:鸭科 Anatidae

栖息环境:主要栖息在开阔的湖泊、水库、河湾及其附近开阔的平原、草地、沼泽、农田

生态类群:游禽类

地理区系:古北界

居留类型:冬候鸟

保护等级:国家二级重点保护野生动物

《IUCN 红色名录》:LC

《中国生物多样性红色名录》:LC

数据来源:丽水市野生动物编目调查;宋世和,2015;宋世和,2018

14. 灰雁

灰雁 *Anser anser*(Linnaeus,1758)

科:鸭科 Anatidae

栖息环境:主要栖息于富有芦苇和水草的湖泊、水库、河口、水淹平原、湿草原、沼泽、草地

生态类群:游禽类

地理区系:古北界

居留类型:冬候鸟

保护等级:浙江省重点保护野生动物

《IUCN 红色名录》:LC

《中国生物多样性红色名录》:LC

数据来源:丽水市野生动物编目调查;宋世和,2015;宋世和,2018

15. 赤麻鸭

赤麻鸭 *Tadorna ferruginea*(Pallas,1764)

科:鸭科 Anatidae

栖息环境:江河、湖泊、河口、水塘及其附近的草原、荒地、沼泽、沙滩、农田等各类生境中

生态类群:游禽类

地理区系:古北界

居留类型:冬候鸟

保护等级:浙江省重点保护野生动物

《IUCN 红色名录》:LC

《中国生物多样性红色名录》:LC

数据来源:丽水市野生动物编目调查;宋世和,2015;宋世和,2018

16. 棉凫

棉凫 *Nettapus coromandelianus*(Gmelin,JF,1789)

科:鸭科 Anatidae

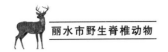

栖息环境:江河、湖泊、水塘和沼泽地带,特别是富有水生植物的开阔水域

生态类群:游禽类

地理区系:东洋界

居留类型:夏候鸟

保护等级:国家二级重点保护野生动物

《IUCN 红色名录》:LC

《中国生物多样性红色名录》:EN

数据来源:丽水市野生动物编目调查;《浙江动物志》编辑委员会,1990b;宋世和,2015;宋世和,2018

17. 鸳鸯

鸳鸯 *Aix galericulata* (Linnaeus,1758)

科:鸭科 Anatidae

栖息环境:主要栖息于针阔叶混交林及附近的溪流、沼泽、芦苇塘、湖泊等处,冬季多栖息于大的开阔湖泊、江河和沼泽地带

生态类群:游禽类

地理区系:古北界

居留类型:冬候鸟

保护等级:国家二级重点保护野生动物

《IUCN 红色名录》:LC

《中国生物多样性红色名录》:NT

数据来源:《浙江动物志》编辑委员会,1990b;丽水市野生动物编目调查;宋世和,2015;宋世和,2018

18. 赤颈鸭

赤颈鸭 *Mareca penelope* (Linnaeus,1758)

科:鸭科 Anatidae

栖息环境:江河、湖泊、水塘、河口、沼泽等各类水域中

生态类群:游禽类

地理区系:古北界

居留类型:冬候鸟

保护等级:浙江省重点保护野生动物

《IUCN 红色名录》:LC

《中国生物多样性红色名录》:LC

数据来源:丽水市野生动物编目调查;《浙江动物志》编辑委员会,1990b;宋世和,2015;宋世和,2018

19. 罗纹鸭

罗纹鸭 *Mareca falcata* (Georgi,1775)

科:鸭科 Anatidae

栖息环境:主要栖息于江河、湖泊、河湾、河口及其沼泽地带

生态类群:游禽类

地理区系:古北界

居留类型:冬候鸟

保护等级:浙江省重点保护野生动物

《IUCN 红色名录》:NT

《中国生物多样性红色名录》:NT

数据来源:《浙江动物志》编辑委员会,1990b;丽水市野生动物编目调查;宋世和,2015;宋世和,2018

20. 赤膀鸭

赤膀鸭 *Mareca strepera* (Linnaeus,1758)

科:鸭科 Anatidae

栖息环境:江河、湖泊、水库、河湾、水塘和沼泽等内陆开阔水域中

生态类群:游禽类

地理区系:古北界

居留类型:冬候鸟

保护等级:浙江省重点保护野生动物

《IUCN 红色名录》:LC

《中国生物多样性红色名录》:LC

数据来源:《浙江动物志》编辑委员

会,1990b;宋世和,2015;宋世和,2018

21. 花脸鸭

花脸鸭 *Sibirionetta formosa* (Georgi, 1775)

科:鸭科 Anatidae

栖息环境:主要栖息于各种淡水或咸水水域,包括湖泊、江河、水库、水塘、沼泽、河湾、农田、原野等各类生境

生态类群:游禽类

地理区系:古北界

居留类型:冬候鸟

保护等级:国家二级重点保护野生动物

《IUCN 红色名录》:LC

《中国生物多样性红色名录》:NT

数据来源:《浙江动物志》编辑委员会,1990b;宋世和,2015;宋世和,2018

22. 绿翅鸭

绿翅鸭 *Anas crecca* Linnaeus,1758

科:鸭科 Anatidae

栖息环境:开阔的大型湖泊、江河、河口、沼泽和沿海地带

生态类群:游禽类

地理区系:古北界

居留类型:冬候鸟

保护等级:浙江省重点保护野生动物

《IUCN 红色名录》:LC

《中国生物多样性红色名录》:LC

数据来源:《浙江动物志》编辑委员会,1990b;丽水市野生动物编目调查;宋世和,2015;宋世和,2018

23. 绿头鸭

绿头鸭 *Anas platyrhynchos* Linnaeus,1758

科:鸭科 Anatidae

栖息环境:开阔的湖泊、水库、江河和海岸附近沼泽、草地

生态类群:游禽类

地理区系:古北界

居留类型:冬候鸟

保护等级:浙江省重点保护野生动物

《IUCN 红色名录》:LC

《中国生物多样性红色名录》:LC

数据来源:《浙江动物志》编辑委员会,1990b;丽水市野生动物编目调查;宋世和,2015;宋世和,2018

24. 斑嘴鸭

斑嘴鸭 *Anas zonorhyncha* Swinhoe,1866

科:鸭科 Anatidae

栖息环境:主要栖息在内陆各类大小湖泊、水库、江河、水塘、河口、沙洲和沼泽地带

生态类群:游禽类

地理区系:古北界

居留类型:冬候鸟

保护等级:浙江省重点保护野生动物

《IUCN 红色名录》:LC

《中国生物多样性红色名录》:LC

数据来源:第二次全国陆生野生动物资源调查;《浙江动物志》编辑委员会,1990b;丽水市野生动物编目调查;宋世和,2015;宋世和,2018

25. 针尾鸭

针尾鸭 *Anas acuta* Linnaeus,1758

科:鸭科 Anatidae

栖息环境:各种类型的河流、湖泊、沼泽、盐碱湿地、水塘、开阔的沿海地带、海湾等生境中

生态类群:游禽类

地理区系:古北界

居留类型:冬候鸟

保护等级:浙江省重点保护野生

动物

《IUCN 红色名录》:LC

《中国生物多样性红色名录》:LC

数据来源:《浙江动物志》编辑委员会,1990b;宋世和,2015;宋世和,2018

26. 白眉鸭

白眉鸭 *Spatula querquedula* (Linnaeus,1758)

科:鸭科 Anatidae

栖息环境:主要栖息于开阔的湖泊、江河、沼泽、河口、池塘、沙洲等水域中,也出现于山区水塘、河流

生态类群:游禽类

地理区系:古北界

居留类型:冬候鸟

保护等级:浙江省重点保护野生动物

《IUCN 红色名录》:LC

《中国生物多样性红色名录》:LC

数据来源:《浙江动物志》编辑委员会,1990b;宋世和,2015;宋世和,2018

27. 琵嘴鸭

琵嘴鸭 *Spatula clypeata* (Linnaeus,1758)

科:鸭科 Anatidae

栖息环境:主要栖息于开阔地区的河流、湖泊、水塘、沼泽等水域环境中,也出现于山区河流、高原湖泊、小水塘、沿海沼泽及河口地带

生态类群:游禽类

地理区系:古北界

居留类型:冬候鸟

保护等级:浙江省重点保护野生动物

《IUCN 红色名录》:LC

《中国生物多样性红色名录》:LC

数据来源:《浙江动物志》编辑委员会,1990b;宋世和,2018

28. 红头潜鸭

红头潜鸭 *Aythya ferina* (Linnaeus,1758)

科:鸭科 Anatidae

栖息环境:主要栖息于富有水生植物的开阔湖泊、水库、水塘、河湾等各类水域中

生态类群:游禽类

地理区系:古北界

居留类型:冬候鸟

保护等级:浙江省重点保护野生动物

《IUCN 红色名录》:VU

《中国生物多样性红色名录》:LC

数据来源:宋世和,2015;宋世和,2018

29. 白眼潜鸭

白眼潜鸭 *Aythya nyroca* (Güldenstädt,1770)

科:鸭科 Anatidae

栖息环境:主要栖息于开阔地区富有水生植物的淡水湖泊、池塘和沼泽地带

生态类群:游禽类

地理区系:古北界

居留类型:冬候鸟

保护等级:浙江省重点保护野生动物

《IUCN 红色名录》:NT

《中国生物多样性红色名录》:NT

数据来源:《浙江动物志》编辑委员会,1990b;宋世和,2018

30. 凤头潜鸭

凤头潜鸭 *Aythya fuligula* (Linnaeus,1758)

科:鸭科 Anatidae

栖息环境:主要栖息于湖泊、河流、水库、池塘、沼泽、河口等开阔水面

生态类群:游禽类

地理区系:古北界

居留类型:冬候鸟

保护等级:浙江省重点保护野生动物

《IUCN 红色名录》:LC

《中国生物多样性红色名录》:LC

数据来源:《浙江动物志》编辑委员会,1990b;丽水市野生动物编目调查;宋世和,2015;宋世和,2018

31. 斑背潜鸭

斑背潜鸭 *Aythya marila* (Linnaeus, 1761)

科:鸭科 Anatidae

栖息环境:富有植物生长的淡水湖泊、河流、水塘和沼泽地带

生态类群:游禽类

地理区系:古北界

居留类型:冬候鸟

保护等级:浙江省重点保护野生动物

《IUCN 红色名录》:LC

《中国生物多样性红色名录》:LC

数据来源:《浙江动物志》编辑委员会,1990b;宋世和,2015;宋世和,2018

32. 斑脸海番鸭

斑脸海番鸭 *Melanitta fusca* (Linnaeus, 1758)

科:鸭科 Anatidae

栖息环境:栖息于湖泊和河流

生态类群:游禽类

地理区系:古北界

居留类型:冬候鸟

保护等级:浙江省重点保护野生动物

《IUCN 红色名录》:VU

《中国生物多样性红色名录》:NT

数据来源:宋世和,2018

33. 红胸秋沙鸭

红胸秋沙鸭 *Mergus serrator* Linnaeus, 1758

科:鸭科 Anatidae

栖息环境:主要栖息在沿海海岸、河口和浅水海湾地区,迁徙期间也有少量个体偶尔进入内陆淡水湖泊

生态类群:游禽类

地理区系:古北界

居留类型:冬候鸟

保护等级:浙江省重点保护野生动物

《IUCN 红色名录》:LC

《中国生物多样性红色名录》:LC

数据来源:宋世和,2015;宋世和,2018

34. 普通秋沙鸭

普通秋沙鸭 *Mergus merganser* Linnaeus, 1758

科:鸭科 Anatidae

栖息环境:主要栖息于大的内陆湖泊、江河、水库、池塘、河口等淡水水域

生态类群:游禽类

地理区系:古北界

居留类型:冬候鸟

保护等级:浙江省重点保护野生动物

《IUCN 红色名录》:LC

《中国生物多样性红色名录》:LC

数据来源:丽水市野生动物编目调查;《浙江动物志》编辑委员会,1990b;宋世和,2015;宋世和,2018

35. 中华秋沙鸭

中华秋沙鸭 *Mergus squamatus* Gould,1864

科:鸭科 Anatidae

栖息环境:主要栖息于林区内的湍急河流,有时在开阔湖泊

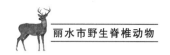

生态类群:游禽类

地理区系:古北界

居留类型:冬候鸟

保护等级:国家一级重点保护野生动物

《IUCN 红色名录》:EN

《中国生物多样性红色名录》:EN

数据来源:丽水市野生动物编目调查;宋世和,2015;宋世和,2018

三、䴙䴘目 PODICIPEDIFORMES

36. 小䴙䴘

小䴙䴘 *Tachybaptus ruficollis* (Pallas, 1764)

科:䴙䴘科 Podicipedidae

栖息环境:沼泽、池塘、湖泊中丛生芦苇、灯心草、香蒲等地,多在山地小型水面

生态类群:游禽类

地理区系:广布

居留类型:留鸟

保护等级:浙江省一般保护野生动物

《IUCN 红色名录》:LC

《中国生物多样性红色名录》:LC

数据来源:第二次全国陆生野生动物资源调查;《浙江动物志》编辑委员会,1990b;丽水市野生动物编目调查;宋世和,2015;宋世和,2018

37. 凤头䴙䴘

凤头䴙䴘 *Podiceps cristatus* (Linnaeus, 1758)

科:䴙䴘科 Podicipedidae

栖息环境:低山和平原地带的江河、湖泊、池塘等各种水域中,特别是有浓密的芦苇和水草的湖泊沼泽中

生态类群:游禽类

地理区系:古北界

居留类型:冬候鸟

保护等级:浙江省重点保护野生动物

《IUCN 红色名录》:LC

《中国生物多样性红色名录》:LC

数据来源:《浙江动物志》编辑委员会,1990b;丽水市野生动物编目调查;宋世和,2015;宋世和,2018

38. 黑颈䴙䴘

黑颈䴙䴘 *Podiceps nigricollis* Brehm, CL,1831

科:䴙䴘科 Podicipedidae

栖息环境:湖泊及沿海

生态类群:游禽类

地理区系:古北界

居留类型:冬候鸟

保护等级:国家二级重点保护野生动物

《IUCN 红色名录》:LC

《中国生物多样性红色名录》:LC

数据来源:宋世和,2015;宋世和,2018

四、鸽形目 COLUMBIFORMES

39. 山斑鸠

山斑鸠 *Streptopelia orientalis* (Latham,1790)

科:鸠鸽科 Columbidae

栖息环境:低山丘陵、平原、山地阔叶林、针阔叶混交林、次生林、果园、农田、宅旁竹林

生态类群:鸠鸽类

地理区系:东洋界

居留类型:留鸟

保护等级:浙江省一般保护野生动物

《IUCN 红色名录》:LC

《中国生物多样性红色名录》:LC

数据来源:第二次全国陆生野生动物资源调查;《浙江动物志》编辑委员会,1990b;丽水市野生动物编目调查;龙泉市林业局,2009;《凤阳山志》编委会,2012;洪起平等,2007;宋世和,2015;宋世和,2018

40. 火斑鸠

火斑鸠 *Streptopelia tranquebarica* (Hermann,1804)

科:鸠鸽科 Columbidae

栖息环境:主要栖息于开阔的平原、田野、村庄、果园、山麓疏林、宅旁竹林地带,也出现于低山丘陵和林缘地带

生态类群:鸠鸽类

地理区系:东洋界

居留类型:留鸟

保护等级:浙江省一般保护野生动物

《IUCN 红色名录》:LC

《中国生物多样性红色名录》:LC

数据来源:《浙江动物志》编辑委员会,1990b;龙泉市林业局,2009;《凤阳山志》编委会,2012;洪起平等,2007;宋世和,2015;宋世和,2018

41. 珠颈斑鸠

珠颈斑鸠 *Streptopelia chinensis* (Scopoli,1786)

科:鸠鸽科 Columbidae

栖息环境:主要栖息于有稀疏树木生长的平原、草地、低山丘陵、农田地带,也常出现于村庄附近

生态类群:鸠鸽类

地理区系:东洋界

居留类型:留鸟

保护等级:浙江省一般保护野生动物

《IUCN 红色名录》:LC

《中国生物多样性红色名录》:LC

数据来源:第二次全国陆生野生动物资源调查;《浙江动物志》编辑委员会,1990b;丽水市野生动物编目调查;龙泉市林业局,2009;《凤阳山志》编委会,2012;洪起平等,2007;宋世和,2015;宋世和,2018

42. 红翅绿鸠

红翅绿鸠 *Treron sieboldii* (Temminck,1835)

科:鸠鸽科 Columbidae

栖息环境:栖息于海拔 2000m 以下的山地针叶林和针阔叶混交林中,也见于林缘耕地

生态类群:鸠鸽类

地理区系:东洋界

居留类型:旅鸟

保护等级:国家二级重点保护野生动物

《IUCN 红色名录》:LC

《中国生物多样性红色名录》:LC

数据来源:宋世和,2018

43. 斑尾鹃鸠

斑尾鹃鸠 *Macropygia unchall* (Wagler,1827)

科:鸠鸽科 Columbidae

栖息环境:主要栖息于山地森林中,冬季也常出现于低丘陵和山脚平原地带的耕地

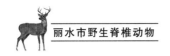

生态类群:鸠鸽类

地理区系:东洋界

居留类型:留鸟

保护等级:国家二级重点保护野生动物

《IUCN 红色名录》:LC

《中国生物多样性红色名录》:NT

数据来源:宋世和,2018;李佳等,2016

五、夜鹰目 CAPRIMULGIFORMES

44. 普通夜鹰

普通夜鹰 *Caprimulgus indicus* Latham,1790

科:夜鹰科 Caprimulgidae

栖息环境:主要栖息于阔叶林和针阔叶混交林,也出现于针叶林、灌丛、农田地区竹林和丛林内

生态类群:攀禽类

地理区系:东洋界

居留类型:夏候鸟

保护等级:浙江省一般保护野生动物

《IUCN 红色名录》:LC

《中国生物多样性红色名录》:LC

数据来源:《浙江动物志》编辑委员会,1990b;丽水市野生动物编目调查;龙泉市林业局,2009;《凤阳山志》编委会,2012;洪起平等,2007;宋世和,2015;宋世和,2018

45. 白喉针尾雨燕

白喉针尾雨燕 *Hirundapus caudacutus*(Latham,1801)

科:雨燕科 Apodidae

栖息环境:主要栖息于山地森林、河谷等开阔地带

生态类群:攀禽类

地理区系:古北界

居留类型:旅鸟

保护等级:浙江省一般保护野生动物

《IUCN 红色名录》:LC

《中国生物多样性红色名录》:LC

数据来源:宋世和,2015;宋世和,2018

46. 白腰雨燕

白腰雨燕 *Apus pacificus*(Latham,1801)

科:雨燕科 Apodidae

栖息环境:主要栖息于陡峻的山坡、悬崖,尤其是靠近河流、水库等水源附近的悬崖峭壁

生态类群:攀禽类

地理区系:东洋界

居留类型:夏候鸟

保护等级:浙江省一般保护野生动物

《IUCN 红色名录》:LC

《中国生物多样性红色名录》:LC

数据来源:丽水市野生动物编目调查;宋世和,2015;宋世和,2018

47. 小白腰雨燕

小白腰雨燕 *Apus nipalensis*(Hodgson,1837)

科:雨燕科 Apodidae

栖息环境:主要栖息于开阔的林区、城镇、悬崖等各类生境中,岩壁、洞穴至城镇建筑物等处均见

生态类群:攀禽类

地理区系:东洋界

居留类型:留鸟

保护等级:浙江省一般保护野生动物

《IUCN 红色名录》:LC

《中国生物多样性红色名录》:LC

数据来源:丽水市野生动物编目调查;龙泉市林业局,2009;《凤阳山志》编委会,2012;洪起平等,2007;宋世和,2015;宋世和,2018

六、鹃形目 CUCULIFORMES

48.红翅凤头鹃

红翅凤头鹃 *Clamator coromandus* (Linnaeus,1766)

科:杜鹃科 Cuculidae

栖息环境:主要栖息于低山丘陵和山麓平原等开阔地带的疏林、灌木林中,也活动于园林和宅旁树上

生态类群:攀禽类

地理区系:东洋界

居留类型:夏候鸟

保护等级:浙江省重点保护野生动物

《IUCN 红色名录》:LC

《中国生物多样性红色名录》:LC

数据来源:《浙江动物志》编辑委员会,1990b;丽水市野生动物编目调查;宋世和,2018

49.大鹰鹃

大鹰鹃 *Hierococcyx sparverioides* (Vigors,1832)

科:杜鹃科 Cuculidae

栖息环境:多见于山林中,高至海拔 1600m 处,冬天常到平原地带

生态类群:攀禽类

地理区系:东洋界

居留类型:夏候鸟

保护等级:浙江省重点保护野生动物

《IUCN 红色名录》:LC

《中国生物多样性红色名录》:LC

数据来源:丽水市野生动物编目调查;宋世和,2015;宋世和,2018

50.北棕腹鹰鹃

北棕腹鹰鹃 *Hierococcyx hyperythrus* (Gould,1856)

科:杜鹃科 Cuculidae

栖息环境:山地森林和林缘灌丛地带

生态类群:攀禽类

地理区系:广布

居留类型:夏候鸟

保护等级:浙江省重点保护野生动物

《IUCN 红色名录》:LC

《中国生物多样性红色名录》:LC

数据来源:《浙江动物志》编辑委员会,1990b

51.八声杜鹃

八声杜鹃 *Cacomantis merulinus* (Scopoli,1786)

科:杜鹃科 Cuculidae

栖息环境:低山丘陵、草坡、山麓平原、耕地、村庄附近的树林与灌丛

生态类群:攀禽类

地理区系:东洋界

居留类型:夏候鸟

保护等级:浙江省重点保护野生动物

《IUCN 红色名录》:LC

《中国生物多样性红色名录》:LC

数据来源:丽水市野生动物编目调查

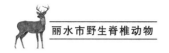

52. 四声杜鹃

四声杜鹃 *Cuculus micropterus* Gould,1838

科:杜鹃科 Cuculidae

栖息环境:主要栖息于山地森林和山麓平原地带的森林中,有时也出现于农田地边树上

生态类群:攀禽类

地理区系:东洋界

居留类型:夏候鸟

保护等级:浙江省重点保护野生动物

《IUCN 红色名录》:LC

《中国生物多样性红色名录》:LC

数据来源:《浙江动物志》编辑委员会,1990b;丽水市野生动物编目调查;龙泉市林业局,2009;《凤阳山志》编委会,2012;洪起平等,2007;宋世和,2015;宋世和,2018

53. 大杜鹃

大杜鹃 *Cuculus canorus* Linnaeus,1758

科:杜鹃科 Cuculidae

栖息环境:主要栖息于山地、丘陵和平原地带的森林中,有时也出现于农田和居民点附近高的乔木上

生态类群:攀禽类

地理区系:东洋界

居留类型:夏候鸟

保护等级:浙江省重点保护野生动物

《IUCN 红色名录》:LC

《中国生物多样性红色名录》:LC

数据来源:《浙江动物志》编辑委员会,1990b;丽水市野生动物编目调查;龙泉市林业局,2009;《凤阳山志》编委会,2012;洪起平等,2007;宋世和,2018

54. 中杜鹃

中杜鹃 *Cuculus saturatus* Blyth,1843

科:杜鹃科 Cuculidae

栖息环境:主要栖息于山地针叶林、针阔叶混交林和阔叶林等茂密的森林中,偶尔也出现于山麓平原人工林和林缘地带

生态类群:攀禽类

地理区系:东洋界

居留类型:夏候鸟

保护等级:浙江省重点保护野生动物

《IUCN 红色名录》:LC

《中国生物多样性红色名录》:LC

数据来源:丽水市野生动物编目调查;《浙江动物志》编辑委员会,1990b;宋世和,2018

55. 小杜鹃

小杜鹃 *Cuculus poliocephalus* Latham,1790

科:杜鹃科 Cuculidae

栖息环境:主要栖息于低山丘陵、林缘地边、河谷次生林和阔叶林中,有时亦出现于路旁、村屯附近的疏林和灌木林

生态类群:攀禽类

地理区系:东洋界

居留类型:夏候鸟

保护等级:浙江省重点保护野生动物

《IUCN 红色名录》:LC

《中国生物多样性红色名录》:LC

数据来源:《浙江动物志》编辑委员会,1990b;丽水市野生动物编目调查;龙泉市林业局,2009;《凤阳山志》编委会,2012;洪起平等,2007;宋世和,2018

56. 噪鹃

噪鹃 *Eudynamys scolopaceus*(Linnaeus,1758)

科:杜鹃科 Cuculidae

栖息环境:山地、丘陵、山脚平原地带林木茂盛的地方

生态类群:攀禽类

地理区系:东洋界

居留类型:夏候鸟

保护等级:浙江省重点保护野生动物

《IUCN 红色名录》:LC

《中国生物多样性红色名录》:LC

数据来源:丽水市野生动物编目调查;第二次全国陆生野生动物资源调查;宋世和,2015;宋世和,2018

57. 小鸦鹃

小鸦鹃 *Centropus bengalensis*

(Gmelin,JF,1788)

科:杜鹃科 Cuculidae

栖息环境:低山丘陵和开阔地山脚平原地带的灌丛、草丛、果园、次生林中

生态类群:攀禽类

地理区系:东洋界

居留类型:留鸟

保护等级:国家二级重点保护野生动物

《IUCN 红色名录》:LC

《中国生物多样性红色名录》:LC

数据来源:丽水市野生动物编目调查;第二次全国陆生野生动物资源调查;宋世和,2018

七、鹤形目 GRUIFORMES

58. 灰胸秧鸡

灰胸秧鸡 *Lewinia striata* (Linnaeus, 1766)

科:秧鸡科 Rallidae

栖息环境:主要栖息于水田、溪畔、水塘、湖岸、水渠、沼泽地带,也出现于海滨和林缘地带沼泽灌丛中

生态类群:涉禽类

地理区系:东洋界

居留类型:夏候鸟

保护等级:浙江省重点保护野生动物

《IUCN 红色名录》:NE

《中国生物多样性红色名录》:LC

数据来源:《浙江动物志》编辑委员会,1990b;宋世和,2015;宋世和,2018

59. 普通秧鸡

普通秧鸡 *Rallus indicus* Blyth,1849

科:秧鸡科 Rallidae

栖息环境:开阔平原、低山丘陵和山脚平原地带的沼泽、水田、河流、湖泊等水域岸边

生态类群:涉禽类

地理区系:古北界

居留类型:冬候鸟

保护等级:浙江省一般保护野生动物

《IUCN 红色名录》:LC

《中国生物多样性红色名录》:LC

数据来源:《浙江动物志》编辑委员会,1990b;丽水市野生动物编目调查;宋世和,2018

60. 白胸苦恶鸟

白胸苦恶鸟 *Amaurornis phoenicurus* (Pennant,1769)

科:秧鸡科 Rallidae

栖息环境:主要栖息于长有芦苇或杂草的沼泽地以及河流、湖泊、水渠、池塘边,也生活在人类居住地附近

生态类群:涉禽类

地理区系:东洋界

居留类型:夏候鸟

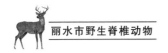

保护等级:浙江省一般保护野生动物

《IUCN红色名录》:LC

《中国生物多样性红色名录》:LC

数据来源:第二次全国陆生野生动物资源调查;《浙江动物志》编辑委员会,1990b;丽水市野生动物编目调查;宋世和,2015;宋世和,2018

61. 红脚田鸡

红脚田鸡 *Zapornia akool*(Sykes,1832)

科:秧鸡科 Rallidae

栖息环境:主要栖息于湖滨、河岸草丛与灌丛、水塘、水稻田、沿海滩涂、沼泽地带,也出现于低山丘陵、林缘和林中沼泽

生态类群:涉禽类

地理区系:东洋界

居留类型:夏候鸟

保护等级:浙江省一般保护野生动物

《IUCN红色名录》:LC

《中国生物多样性红色名录》:LC

数据来源:《浙江动物志》编辑委员会,1990b;丽水市野生动物编目调查;宋世和,2015;宋世和,2018

62. 小田鸡

小田鸡 *Zapornia pusilla*(Pallas,1776)

科:秧鸡科 Rallidae

栖息环境:沼泽、芦苇荡、稻田、山地森林、平原草地、湖泊、水塘、河流、水库等湿地生境

生态类群:涉禽类

地理区系:古北界

居留类型:旅鸟

保护等级:浙江省一般保护野生动物

《IUCN红色名录》:NE

《中国生物多样性红色名录》:LC

数据来源:宋世和,2015;宋世和,2018

63. 红胸田鸡

红胸田鸡 *Zapornia fusca*(Linnaeus,1766)

科:秧鸡科 Rallidae

栖息环境:湖滨、河岸草丛与灌丛、水塘、水稻田、沿海滩涂、沼泽地带

生态类群:涉禽类

地理区系:东洋界

居留类型:夏候鸟

保护等级:浙江省一般保护野生动物

《IUCN红色名录》:NE

《中国生物多样性红色名录》:NT

数据来源:《浙江动物志》编辑委员会,1990b;宋世和,2015;宋世和,2018

64. 董鸡

董鸡 *Gallicrex cinerea*(Gmelin,JF,1789)

科:秧鸡科 Rallidae

栖息环境:水稻田、池塘、沼泽、湖边草丛和富有水生植物的浅水渠中

生态类群:涉禽类

地理区系:东洋界

居留类型:夏候鸟

保护等级:浙江省一般保护野生动物

《IUCN红色名录》:LC

《中国生物多样性红色名录》:LC

数据来源:《浙江动物志》编辑委员会,1990b;宋世和,2018

65. 黑水鸡

黑水鸡 *Gallinula chloropus*(Linnaeus,1758)

科:秧鸡科 Rallidae

栖息环境:富有芦苇和水生挺水植物的淡水湿地、沼泽、湖泊、水库、苇塘、水渠、水稻田中

生态类群:涉禽类

地理区系:东洋界

居留类型:留鸟

保护等级:浙江省一般保护野生动物

《IUCN 红色名录》:LC

《中国生物多样性红色名录》:LC

数据来源:第二次全国陆生野生动物资源调查;《浙江动物志》编辑委员会,1990b;丽水市野生动物编目调查;宋世和,2015;宋世和,2018

66. 白骨顶

白骨顶 *Fulica atra* Linnaeus,1758

科:秧鸡科 Rallidae

栖息环境:低山丘陵、平原草地,甚至荒漠与半荒漠地带的各类水域中

生态类群:涉禽类

地理区系:古北界

居留类型:冬候鸟

保护等级:浙江省一般保护野生动物

《IUCN 红色名录》:LC

《中国生物多样性红色名录》:LC

数据来源:《浙江动物志》编辑委员会,1990b;丽水市野生动物编目调查;宋世和,2015;宋世和,2018

67. 白鹤

白鹤 *Grus leucogeranus*（Pallas,1773）

科:鹤科 Gruidae

栖息环境:开阔平原沼泽草地、苔原沼泽、大的湖泊边、浅水沼泽地带

生态类群:涉禽类

地理区系:古北界

居留类型:冬候鸟

保护等级:国家一级重点保护野生动物

《IUCN 红色名录》:NE

《中国生物多样性红色名录》:CR

数据来源:丽水市野生动物编目调查;宋世和,2015;宋世和,2018

68. 白头鹤

白头鹤 *Grus monacha* Temminck,1835

科:鹤科 Gruidae

栖息环境:河流与湖泊的岸边泥滩、沼泽、湿草地中

生态类群:涉禽类

地理区系:古北界

居留类型:冬候鸟

保护等级:国家一级重点保护野生动物

《IUCN 红色名录》:VU

《中国生物多样性红色名录》:EN

数据来源:丽水市野生动物编目调查

八、鸻形目 CHARADRIIFORMES

69. 蛎鹬

蛎鹬 *Haematopus ostralegus* Linnaeus,1758

科:蛎鹬科 Haematopodidae

栖息环境:主要栖息于沿海多岩石或砂石的海滨、河口、岛屿与江河地带,也出现于湖泊、水库、河谷浅滩等

生态类群:涉禽类

地理区系:古北界

居留类型:冬候鸟

保护等级:浙江省一般保护野生动物

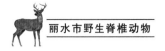

《IUCN 红色名录》:NT

《中国生物多样性红色名录》:LC

数据来源:《浙江动物志》编辑委员会,1990b

70. 黑翅长脚鹬

黑翅长脚鹬 *Himantopus himantopus* (Linnaeus,1758)

科:反嘴鹬科 Recurvirostridae

栖息环境:开阔平原草地中的湖泊、浅水塘和沼泽地带

生态类群:涉禽类

地理区系:古北界

居留类型:旅鸟

保护等级:浙江省一般保护野生动物

《IUCN 红色名录》:LC

《中国生物多样性红色名录》:LC

数据来源:《浙江动物志》编辑委员会,1990b;丽水市野生动物编目调查;宋世和,2015;宋世和,2018

71. 反嘴鹬

反嘴鹬 *Recurvirostra avosetta* Linnaeus,1758

科:反嘴鹬科 Recurvirostridae

栖息环境:主要栖息于平原和半荒漠地区的湖泊、水塘、沼泽地带,有时也栖息于海边水塘和盐碱沼泽地

生态类群:涉禽类

地理区系:古北界

居留类型:冬候鸟

保护等级:浙江省一般保护野生动物

《IUCN 红色名录》:LC

《中国生物多样性红色名录》:LC

数据来源:宋世和,2015;宋世和,2018

72. 凤头麦鸡

凤头麦鸡 *Vanellus vanellus* (Linnaeus,1758)

科:鸻科 Charadriidae

栖息环境:低山丘陵、山脚平原和草原地带的湖泊、水塘、沼泽、溪流、农田

生态类群:涉禽类

地理区系:古北界

居留类型:冬候鸟

保护等级:浙江省一般保护野生动物

《IUCN 红色名录》:NT

《中国生物多样性红色名录》:LC

数据来源:《浙江动物志》编辑委员会,1990b;丽水市野生动物编目调查;宋世和,2015;宋世和,2018

73. 灰头麦鸡

灰头麦鸡 *Vanellus cinereus* (Blyth,1842)

科:鸻科 Charadriidae

栖息环境:栖息于近水的开阔地带、河滩、稻田及沼泽

生态类群:涉禽类

地理区系:古北界

居留类型:冬候鸟

保护等级:浙江省一般保护野生动物

《IUCN 红色名录》:LC

《中国生物多样性红色名录》:LC

数据来源:第二次全国陆生野生动物资源调查;《浙江动物志》编辑委员会,1990b;丽水市野生动物编目调查;宋世和,2015;宋世和,2018

74. 金鸻

金鸻 *Pluvialis fulva* (Gmelin, JF, 1789)

科:鸻科 Charadriidae

栖息环境:栖息于沿海滩涂、沙滩、开阔多草地区、草地、农田

生态类群:涉禽类

地理区系:古北界

居留类型:旅鸟

保护等级:浙江省一般保护野生动物

《IUCN 红色名录》:LC

《中国生物多样性红色名录》:LC

数据来源:丽水市野生动物编目调查;《浙江动物志》编辑委员会,1990b;宋世和,2015;宋世和,2018

75. 灰鸻

灰鸻 *Pluvialis squatarola* (Linnaeus, 1758)

科:鸻科 Charadriidae

栖息环境:海岸潮间带、河口、水田、沼泽、河滩、湖岸、草地等

生态类群:涉禽类

地理区系:古北界

居留类型:冬候鸟

保护等级:浙江省一般保护野生动物

《IUCN 红色名录》:LC

《中国生物多样性红色名录》:LC

数据来源:丽水市野生动物编目调查;宋世和,2015;宋世和,2018

76. 长嘴剑鸻

长嘴剑鸻 *Charadrius placidus* Gray, JE & Gray, GR, 1863

科:鸻科 Charadriidae

栖息环境:内陆水域附近的沼泽、河滩、田埂上

生态类群:涉禽类

地理区系:古北界

居留类型:冬候鸟

保护等级:浙江省一般保护野生动物

《IUCN 红色名录》:LC

《中国生物多样性红色名录》:NT

数据来源:《浙江动物志》编辑委员会,1990b;丽水市野生动物编目调查;宋世和,2015;宋世和,2018

77. 金眶鸻

金眶鸻 *Charadrius dubius* Scopoli, 1786

科:鸻科 Charadriidae

栖息环境:开阔平原或低山丘陵地带的湖泊、河流岸边以及附近的沼泽、草地、农田

生态类群:涉禽类

地理区系:古北界

居留类型:旅鸟

保护等级:浙江省一般保护野生动物

《IUCN 红色名录》:LC

《中国生物多样性红色名录》:LC

数据来源:《浙江动物志》编辑委员会,1990b;丽水市野生动物编目调查;宋世和,2015;宋世和,2018

78. 环颈鸻

环颈鸻 *Charadrius alexandrinus* Linnaeus, 1758

科:鸻科 Charadriidae

栖息环境:河岸沙滩、沼泽草地上

生态类群:涉禽类

地理区系:古北界

居留类型:冬候鸟

保护等级:浙江省一般保护野生动物

《IUCN 红色名录》:LC

《中国生物多样性红色名录》:LC

数据来源:《浙江动物志》编辑委员会,1990b;丽水市野生动物编目调查;宋世和,2015;宋世和,2018

79. 蒙古沙鸻

蒙古沙鸻 *Charadrius mongolus* Pallas, 1776

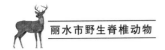

科:鸻科 Charadriidae

栖息环境:沙滩、河口三角洲、水田、河流、沼泽、湖泊附近的耕地、戈壁和草原等

生态类群:涉禽类

地理区系:古北界

居留类型:旅鸟

保护等级:浙江省一般保护野生动物

《IUCN 红色名录》:LC

《中国生物多样性红色名录》:LC

数据来源:宋世和,2015;宋世和,2018

80.铁嘴沙鸻

铁嘴沙鸻 Charadrius leschenaultii Lesson,R,1826

科:鸻科 Charadriidae

栖息环境:海滨、河口、内陆湖畔、江岸、滩地、水田、沼泽及其附近的荒漠草地、砾石戈壁、盐碱滩

生态类群:涉禽类

地理区系:古北界

居留类型:旅鸟

保护等级:浙江省一般保护野生动物

《IUCN 红色名录》:LC

《中国生物多样性红色名录》:LC

数据来源:宋世和,2015;宋世和,2018

81.东方鸻

东方鸻 Charadrius veredus Gould,1848

科:鸻科 Charadriidae

栖息环境:河口、海滩、干旱草原、耕地和砾石平原

生态类群:涉禽类

地理区系:古北界

居留类型:旅鸟

保护等级:浙江省一般保护野生动物

《IUCN 红色名录》:LC

《中国生物多样性红色名录》:LC

数据来源:宋世和,2015;宋世和,2018

82.彩鹬

彩鹬 Rostratula benghalensis(Linnaeus,1758)

科:彩鹬科 Rostratulidae

栖息环境:平原、丘陵和山地中的芦苇水塘、沼泽、河渠、河滩草地、水稻田中

生态类群:涉禽类

地理区系:东洋界

居留类型:留鸟

保护等级:浙江省一般保护野生动物

《IUCN 红色名录》:LC

《中国生物多样性红色名录》:LC

数据来源:丽水市野生动物编目调查;《浙江动物志》编辑委员会,1990b;宋世和,2015;宋世和,2018

83.水雉

水雉 Hydrophasianus chirurgus(Scopoli,1786)

科:水雉科 Jacanidae

栖息环境:富有挺水植物和漂浮植物的淡水湖泊、池塘、沼泽地带

生态类群:涉禽类

地理区系:东洋界

居留类型:夏候鸟

保护等级:国家二级重点保护野生动物

《IUCN 红色名录》:LC

《中国生物多样性红色名录》:NT

数据来源:丽水市野生动物编目调查;《浙江动物志》编辑委员会,1990b;

宋世和,2015;宋世和,2018

84. 丘鹬

丘鹬 *Scolopax rusticola* Linnaeus,1758

科:鹬科 Scolopacidae

栖息环境:主要栖息于阴暗潮湿、林下植物发达、落叶层较厚的阔叶林和针阔叶混交林中,有时也见于林间沼泽、湿草地和林缘灌丛地带

生态类群:涉禽类

地理区系:古北界

居留类型:冬候鸟

保护等级:浙江省一般保护野生动物

《IUCN 红色名录》:LC

《中国生物多样性红色名录》:LC

数据来源:《浙江动物志》编辑委员会,1990b;丽水市野生动物编目调查;宋世和,2015;宋世和,2018

85. 针尾沙锥

针尾沙锥 *Gallinago stenura*(Bonaparte,1831)

科:鹬科 Scolopacidae

栖息环境:主要栖息于山地森林和平原地带的沼泽、草地、农田等水域湿地

生态类群:涉禽类

地理区系:古北界

居留类型:旅鸟

保护等级:浙江省一般保护野生动物

《IUCN 红色名录》:LC

《中国生物多样性红色名录》:LC

数据来源:宋世和,2018

86. 大沙锥

大沙锥 *Gallinago megala* Swinhoe,1861

科:鹬科 Scolopacidae

栖息环境:主要栖息于开阔的湖泊、河流、水塘、芦苇沼泽和水稻田地带

生态类群:涉禽类

地理区系:古北界

居留类型:旅鸟

保护等级:浙江省一般保护野生动物

《IUCN 红色名录》:LC

《中国生物多样性红色名录》:LC

数据来源:宋世和,2015;宋世和,2018

87. 扇尾沙锥

扇尾沙锥 *Gallinago gallinago*(Linnaeus,1758)

科:鹬科 Scolopacidae

栖息环境:主要栖息于淡水或盐水湖泊、河流、芦苇塘和沼泽地带

生态类群:涉禽类

地理区系:古北界

居留类型:冬候鸟

保护等级:浙江省一般保护野生动物

《IUCN 红色名录》:LC

《中国生物多样性红色名录》:LC

数据来源:丽水市野生动物编目调查;宋世和,2015;宋世和,2018

88. 半蹼鹬

半蹼鹬 *Limnodromus semipalmatus*(Blyth,1848)

科:鹬科 Scolopacidae

栖息环境:主要栖息于湖泊、河流及沿海岸边草地、沼泽地上

生态类群:涉禽类

地理区系:古北界

居留类型:旅鸟

保护等级:国家二级重点保护野生动物

《IUCN 红色名录》:NT

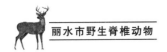

《中国生物多样性红色名录》:NT

数据来源:宋世和,2015;宋世和,2018

89. 黑尾塍鹬

黑尾塍鹬 *Limosa limosa* (Linnaeus, 1758)

科:鹬科 Scolopacidae

栖息环境:平原草地、森林平原地带的沼泽、湿地、湖边及附近的草地上

生态类群:涉禽类

地理区系:古北界

居留类型:旅鸟

保护等级:浙江省一般保护野生动物

《IUCN 红色名录》:NT

《中国生物多样性红色名录》:LC

数据来源:宋世和,2015;宋世和,2018

90. 小杓鹬

小杓鹬 *Numenius minutus* Gould,1841

科:鹬科 Scolopacidae

栖息环境:主要栖息在沼泽、湿地、草原、湖泊、河流与农田地带

生态类群:涉禽类

地理区系:古北界

居留类型:旅鸟

保护等级:国家二级重点保护野生动物

《IUCN 红色名录》:LC

《中国生物多样性红色名录》:NT

数据来源:《浙江动物志》编辑委员会,1990b;宋世和,2015;宋世和,2018

91. 中杓鹬

中杓鹬 *Numenius phaeopus* (Linnaeus, 1758)

科:鹬科 Scolopacidae

栖息环境:主要栖息于湿地、湖泊、沼泽、水塘、河流、农田等各类生境中

生态类群:涉禽类

地理区系:古北界

居留类型:旅鸟

保护等级:浙江省一般保护野生动物

《IUCN 红色名录》:LC

《中国生物多样性红色名录》:LC

数据来源:宋世和,2015;宋世和,2018

92. 白腰杓鹬

白腰杓鹬 *Numenius arquata* (Linnaeus, 1758)

科:鹬科 Scolopacidae

栖息环境:森林和平原中的湖泊、海滨、河流岸边、沼泽地带、草地、农田地带

生态类群:涉禽类

地理区系:古北界

居留类型:冬候鸟

保护等级:国家二级重点保护野生动物

《IUCN 红色名录》:NT

《中国生物多样性红色名录》:NT

数据来源:宋世和,2015;宋世和,2018

93. 大杓鹬

大杓鹬 *Numenius madagascariensis* (Linnaeus,1766)

科:鹬科 Scolopacidae

栖息环境:低山丘陵和平原地带的河流、湖泊、芦苇沼泽、水塘、湿草地、水稻田边

生态类群:涉禽类

地理区系:古北界

居留类型:旅鸟

保护等级:国家二级重点保护野生动物

《IUCN 红色名录》:EN

《中国生物多样性红色名录》：VU

数据来源：宋世和，2015；宋世和，2018

94. 鹤鹬

鹤鹬 *Tringa erythropus*（Pallas，1764）

科：鹬科 Scolopacidae

栖息环境：淡水或盐水湖泊、河流沿岸、河口、沙洲、海滨、沼泽及农田地带

生态类群：涉禽类

地理区系：古北界

居留类型：冬候鸟

保护等级：浙江省一般保护野生动物

《IUCN 红色名录》：LC

《中国生物多样性红色名录》：LC

数据来源：《浙江动物志》编辑委员会，1990b；丽水市野生动物编目调查；宋世和，2015；宋世和，2018

95. 红脚鹬

红脚鹬 *Tringa totanus*（Linnaeus，1758）

科：鹬科 Scolopacidae

栖息环境：沼泽、草地、河流、湖泊、水塘、沿海海滨、河口、沙洲等水域或水域附近湿地上

生态类群：涉禽类

地理区系：古北界

居留类型：冬候鸟

保护等级：浙江省一般保护野生动物

《IUCN 红色名录》：LC

《中国生物多样性红色名录》：LC

数据来源：《浙江动物志》编辑委员会，1990b；宋世和，2015；宋世和，2018

96. 泽鹬

泽鹬 *Tringa stagnatilis*（Bechstein，1803）

科：鹬科 Scolopacidae

栖息环境：湖泊、河流、芦苇沼泽、水塘、河口、沿海沼泽、水田地带

生态类群：涉禽类

地理区系：古北界

居留类型：旅鸟

保护等级：浙江省一般保护野生动物

《IUCN 红色名录》：LC

《中国生物多样性红色名录》：LC

数据来源：丽水市野生动物编目调查；宋世和，2015；宋世和，2018

97. 青脚鹬

青脚鹬 *Tringa nebularia*（Gunnerus，1767）

科：鹬科 Scolopacidae

栖息环境：主要栖息于湖泊、河流、水塘和沼泽地带

生态类群：涉禽类

地理区系：古北界

居留类型：冬候鸟

保护等级：浙江省一般保护野生动物

《IUCN 红色名录》：LC

《中国生物多样性红色名录》：LC

数据来源：《浙江动物志》编辑委员会，1990b；丽水市野生动物编目调查；宋世和，2015；宋世和，2018

98. 小青脚鹬

小青脚鹬 *Tringa guttifer*（Nordmann，1835）

科：鹬科 Scolopacidae

栖息环境：沼泽、水塘、湿地、泥地、河口、沙洲和沿海沼泽地带

生态类群：涉禽类

地理区系：古北界

居留类型：旅鸟

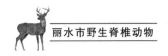
丽水市野生脊椎动物

保护等级:国家一级重点保护野生
动物

《IUCN 红色名录》:EN

《中国生物多样性红色名录》:EN

数据来源:《浙江动物志》编辑委员
会,1990b

99. 白腰草鹬

白腰草鹬 *Tringa ochropus* Linnaeus,
1758

科:鹬科 Scolopacidae

栖息环境:主要栖息于沿海、河口、
湖泊、河流、水塘、农田与沼泽地带

生态类群:涉禽类

地理区系:古北界

居留类型:冬候鸟

保护等级:浙江省一般保护野生
动物

《IUCN 红色名录》:LC

《中国生物多样性红色名录》:LC

数据来源:《浙江动物志》编辑委员
会,1990b;丽水市野生动物编目调查;
宋世和,2015;宋世和,2018

100. 林鹬

林鹬 *Tringa glareola* Linnaeus,1758

科:鹬科 Scolopacidae

栖息环境:主要栖息于开阔沼泽、
湖泊、水田地、水塘与溪流岸边

生态类群:涉禽类

地理区系:古北界

居留类型:旅鸟

保护等级:浙江省一般保护野生
动物

《IUCN 红色名录》:LC

《中国生物多样性红色名录》:LC

数据来源:《浙江动物志》编辑委员
会,1990b;丽水市野生动物编目调查;
宋世和,2015;宋世和,2018

101. 灰尾漂鹬

灰尾漂鹬 *Tringa brevipes*(Vieillot,

1816)

科:鹬科 Scolopacidae

栖息环境:山地砂石河流沿岸、海
滨沙滩、泥地及河口

生态类群:涉禽类

地理区系:古北界

居留类型:旅鸟

保护等级:浙江省一般保护野生
动物

《IUCN 红色名录》:NT

《中国生物多样性红色名录》:LC

数据来源:宋世和,2015;宋世和,
2018

102. 翘嘴鹬

翘嘴鹬 *Xenus cinereus*(Güldenstädt,
1775)

科:鹬科 Scolopacidae

栖息环境:主要栖息于河流、湖泊、
沿海海岸,有时也出现于内陆湖泊、大
的河流和邻近沼泽地上

生态类群:涉禽类

地理区系:古北界

居留类型:旅鸟

保护等级:浙江省一般保护野生
动物

《IUCN 红色名录》:LC

《中国生物多样性红色名录》:LC

数据来源:宋世和,2015;宋世和,
2018

103. 矶鹬

矶鹬 *Actitis hypoleucos*(Linnaeus,
1758)

科:鹬科 Scolopacidae

栖息环境:江河沿岸、海岸、湖泊、
水库、河口和附近沼泽湿地

生态类群:涉禽类

地理区系:古北界

居留类型:冬候鸟

保护等级：浙江省一般保护野生动物

《IUCN 红色名录》：LC

《中国生物多样性红色名录》：LC

数据来源：丽水市野生动物编目调查；宋世和，2015；宋世和，2018

104. 翻石鹬

翻石鹬 *Arenaria interpres*（Linnaeus，1758）

科：鹬科 Scolopacidae

栖息环境：海岸、海滨沙滩、内陆湖泊、河流、沼泽

生态类群：涉禽类

地理区系：古北界

居留类型：旅鸟

保护等级：国家二级重点保护野生动物

《IUCN 红色名录》：LC

《中国生物多样性红色名录》：LC

数据来源：宋世和，2015；宋世和，2018

105. 大滨鹬

大滨鹬 *Calidris tenuirostris*（Horsfield，1821）

科：鹬科 Scolopacidae

栖息环境：主要栖息于海岸、河口、沙洲及附近沼泽地带

生态类群：涉禽类

地理区系：古北界

居留类型：旅鸟

保护等级：国家二级重点保护野生动物

《IUCN 红色名录》：EN

《中国生物多样性红色名录》：VU

数据来源：《浙江动物志》编辑委员会，1990b；宋世和，2015；宋世和，2018

106. 红颈滨鹬

红颈滨鹬 *Calidris ruficollis*（Pallas，1776）

科：鹬科 Scolopacidae

栖息环境：主要栖息于沼泽、海岸、湖滨、内陆湖泊与河流、苔原地带

生态类群：涉禽类

地理区系：古北界

居留类型：旅鸟

保护等级：浙江省一般保护野生动物

《IUCN 红色名录》：NT

《中国生物多样性红色名录》：LC

数据来源：宋世和，2015；宋世和，2018

107. 青脚滨鹬

青脚滨鹬 *Calidris temminckii*（Leisler，1812）

科：鹬科 Scolopacidae

栖息环境：滩涂及沼泽地带

生态类群：涉禽类

地理区系：古北界

居留类型：旅鸟

保护等级：浙江省一般保护野生动物

《IUCN 红色名录》：LC

《中国生物多样性红色名录》：LC

数据来源：宋世和，2015；宋世和，2018

108. 长趾滨鹬

长趾滨鹬 *Calidris subminuta*（Middendorff，1853）

科：鹬科 Scolopacidae

栖息环境：主要栖息于沿海或内陆淡水与盐水湖泊、河流、水塘、泽沼地带

生态类群：涉禽类

地理区系：古北界

居留类型：冬候鸟

保护等级：浙江省一般保护野生动物

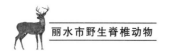

《IUCN 红色名录》:LC

《中国生物多样性红色名录》:LC

数据来源:宋世和,2015;宋世和,2018

109. 尖尾滨鹬

尖尾滨鹬 *Calidris acuminata* (Horsfield,1821)

科:鹬科 Scolopacidae

栖息环境:湖泊、水塘、农田、溪流岸边及附近的沼泽地带

生态类群:涉禽类

地理区系:古北界

居留类型:旅鸟

保护等级:浙江省一般保护野生动物

《IUCN 红色名录》:LC

《中国生物多样性红色名录》:LC

数据来源:宋世和,2015;宋世和,2018

110. 弯嘴滨鹬

弯嘴滨鹬 *Calidris ferruginea* (Pontoppidan,1763)

科:鹬科 Scolopacidae

栖息环境:沼泽、泥滩、稻田、芦苇塘和鱼塘

生态类群:涉禽类

地理区系:古北界

居留类型:旅鸟

保护等级:浙江省一般保护野生动物

《IUCN 红色名录》:NT

《中国生物多样性红色名录》:LC

数据来源:《浙江动物志》编辑委员会,1990b;宋世和,2015;宋世和,2018

111. 黑腹滨鹬

黑腹滨鹬 *Calidris alpina* (Linnaeus,1758)

科:鹬科 Scolopacidae

栖息环境:湖泊、河流、水塘、河口等水域岸边及附近沼泽、草地上

生态类群:涉禽类

地理区系:古北界

居留类型:旅鸟

保护等级:浙江省一般保护野生动物

《IUCN 红色名录》:LC

《中国生物多样性红色名录》:LC

数据来源:丽水市野生动物编目调查;《浙江动物志》编辑委员会,1990b;宋世和,2015;宋世和,2018

112. 红颈瓣蹼鹬

红颈瓣蹼鹬 *Phalaropus lobatus* (Linnaeus,1758)

科:鹬科 Scolopacidae

栖息环境:主要栖息于近海的浅水处,也出现在大的内陆湖泊、河流、水库、沼泽及河口地带

生态类群:涉禽类

地理区系:古北界

居留类型:旅鸟

保护等级:浙江省一般保护野生动物

《IUCN 红色名录》:LC

《中国生物多样性红色名录》:LC

数据来源:宋世和,2015;宋世和,2018

113. 灰瓣蹼鹬

灰瓣蹼鹬 *Phalaropus fulicarius* (Linnaeus,1758)

科:鹬科 Scolopacidae

栖息环境:主要栖息于沼泽地带,特别是湖泊、水塘、溪流附近的苔原沼泽,迁徙期间也出现在内陆大的湖泊与河流等水体中

生态类群:涉禽类

地理区系:古北界

居留类型:旅鸟

保护等级:浙江省一般保护野生动物

《IUCN 红色名录》:LC

《中国生物多样性红色名录》:LC

数据来源:《浙江动物志》编辑委员会,1990b

114.黄脚三趾鹑

黄脚三趾鹑 *Turnix tanki* Blyth,1843

科:三趾鹑科 Turnicidae

栖息环境:主要栖息于低山丘陵和山脚平原地带的灌丛、草地,也出现于林缘灌丛、疏林、荒地和农田地带

生态类群:涉禽类

地理区系:广布

居留类型:留鸟

保护等级:浙江省一般保护野生动物

《IUCN 红色名录》:LC

《中国生物多样性红色名录》:LC

数据来源:《浙江动物志》编辑委员会,1990b

115.普通燕鸻

普通燕鸻 *Glareola maldivarum* Forster,JR,1795

科:燕鸻科 Glareolidae

栖息环境:主要栖息于开阔平原地区的湖泊、河流、水塘、耕地、沼泽地带,也出现于水域附近的潮湿沙地或草地上

生态类群:涉禽类

地理区系:古北界

居留类型:旅鸟

保护等级:浙江省一般保护野生动物

《IUCN 红色名录》:LC

《中国生物多样性红色名录》:LC

数据来源:《浙江动物志》编辑委员

会,1990b;宋世和,2018

116.黑尾鸥

黑尾鸥 *Larus crassirostris* Vieillot,1818

科:鸥科 Laridae

栖息环境:主要栖息于沿海海岸沙滩以及邻近的湖泊、河流、内陆沼泽湿地

生态类群:游禽类

地理区系:古北界

居留类型:留鸟

保护等级:浙江省重点保护野生动物

《IUCN 红色名录》:LC

《中国生物多样性红色名录》:LC

数据来源:宋世和,2015;宋世和,2018

117.西伯利亚银鸥

西伯利亚银鸥 *Larus smithsonianus* Coues,1862

科:鸥科 Laridae

栖息环境:苔原、荒漠和草地上的河流、湖泊、沼泽,内陆河流与湖泊

生态类群:游禽类

地理区系:古北界

居留类型:冬候鸟

保护等级:浙江省一般保护野生动物

《IUCN 红色名录》:LC

《中国生物多样性红色名录》:LC

数据来源:宋世和,2018

118.红嘴鸥

红嘴鸥 *Chroicocephalus ridibundus* (Linnaeus,1766)

科:鸥科 Laridae

栖息环境:平原和低山丘陵地带的湖泊、河流、河口、库塘、海滨、沿海沼泽地带

生态类群:游禽类

地理区系:古北界

居留类型:冬候鸟

保护等级:浙江省一般保护野生动物

《IUCN 红色名录》:LC

《中国生物多样性红色名录》:LC

数据来源:丽水市野生动物编目调查;宋世和,2015;宋世和,2018

119.三趾鸥

三趾鸥 *Rissa tridactyla*(Linnaeus,1758)

科:鸥科 Laridae

栖息环境:主要栖息于海洋上,是典型的海洋鸟类

生态类群:游禽类

地理区系:古北界

居留类型:冬候鸟

保护等级:浙江省一般保护野生动物

《IUCN 红色名录》:VU

《中国生物多样性红色名录》:LC

数据来源:宋世和,2018

120.鸥嘴噪鸥

鸥嘴噪鸥 *Gelochelidon nilotica*(Gmelin,JF,1789)

科:鸥科 Laridae

栖息环境:主要栖息于海岸、内陆淡水或咸水湖泊、河流、沼泽地带

生态类群:游禽类

地理区系:古北界

居留类型:留鸟

保护等级:浙江省一般保护野生动物

《IUCN 红色名录》:LC

《中国生物多样性红色名录》:LC

数据来源:宋世和,2015;宋世和,2018

121.小鸥

小鸥 *Hydrocoloeus minutus*(Pallas,1776)

科:鸥科 Laridae

栖息环境:主要栖息于海岸、开阔平原上的湖泊、河流、水塘和附近沼泽地带

生态类群:游禽类

地理区系:古北界

居留类型:旅鸟

保护等级:国家二级重点保护野生动物

《IUCN 红色名录》:LC

《中国生物多样性红色名录》:NT

数据来源:宋世和,2018

122.红嘴巨燕鸥

红嘴巨燕鸥 *Hydroprogne caspia*(Pallas,1770)

科:鸥科 Laridae

栖息环境:沿海海岸、内陆河口、湖泊等水域

生态类群:游禽类

地理区系:东洋界

居留类型:夏候鸟

保护等级:浙江省一般保护野生动物

《IUCN 红色名录》:LC

《中国生物多样性红色名录》:LC

数据来源:宋世和,2015;宋世和,2018

123.普通燕鸥

普通燕鸥 *Sterna hirundo* Linnaeus,1758

科:鸥科 Laridae

栖息环境:平原、草地、荒漠中的湖泊、河流、水塘和沼泽地带

生态类群:游禽类

地理区系:古北界

居留类型:旅鸟

保护等级:浙江省一般保护野生动物

《IUCN 红色名录》:LC

《中国生物多样性红色名录》:LC

数据来源:宋世和,2015;宋世和,2018

124. 白额燕鸥

白额燕鸥 *Sternula albifrons*(Pallas,1764)

科:鸥科 Laridae

栖息环境:沙滩、湖泊、河流、水库、沼泽等

生态类群:游禽类

地理区系:东洋界

居留类型:夏候鸟

保护等级:浙江省一般保护野生动物

《IUCN 红色名录》:LC

《中国生物多样性红色名录》:LC

数据来源:《浙江动物志》编辑委员会,1990b;宋世和,2015;宋世和,2018

125. 灰翅浮鸥

灰翅浮鸥 *Chlidonias hybrida*(Pallas,1811)

科:鸥科 Laridae

栖息环境:主要栖息于开阔平原湖泊、河口、水库、农田和附近沼泽地带

生态类群:游禽类

地理区系:古北界

居留类型:冬候鸟

保护等级:浙江省一般保护野生动物

《IUCN 红色名录》:LC

《中国生物多样性红色名录》:LC

数据来源:丽水市野生动物编目调查;宋世和,2015;宋世和,2018

126. 白翅浮鸥

白翅浮鸥 *Chlidonias leucopterus*(Temminck,1815)

科:鸥科 Laridae

栖息环境:主要栖息于内陆河流、湖泊、沼泽、河口和附近水塘中

生态类群:游禽类

地理区系:古北界

居留类型:冬候鸟

保护等级:浙江省一般保护野生动物

《IUCN 红色名录》:LC

《中国生物多样性红色名录》:LC

数据来源:《浙江动物志》编辑委员会,1990b;丽水市野生动物编目调查;宋世和,2015;宋世和,2018

九、鹱形目 PROCELLARIIFORMES

127. 黑叉尾海燕

黑叉尾海燕 *Hydrobates monorhis*(Swinhoe,1867)

科:海燕科 Hydrobatodae

栖息环境:栖息于海岸和附近岛屿与海上,主要在海上生活

生态类群:游禽类

地理区系:古北界

居留类型:夏候鸟

保护等级:浙江省一般保护野生动物

《IUCN 红色名录》:NE

《中国生物多样性红色名录》:DD

数据来源:丽水市野生动物编目调查;宋世和,2018;吴丞昊等,2019

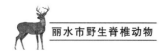

128. 楔尾鹱

楔尾鹱 *Ardenna pacificus*（Gmelin，1789）

  科：鹱科 Procellariidae

  栖息环境：海洋中多草和多岩石的小岛上或海岸边

  生态类群：游禽类

  地理区系：广布

  居留类型：迷鸟

  保护等级：浙江省一般保护野生动物

  《IUCN 红色名录》：NE

  《中国生物多样性红色名录》：DD

  数据来源：宋世和，2018

129. 短尾鹱

短尾鹱 *Ardenna tenuirostris*（Temminck，1836）

  科：鹱科 Procellariidae

  栖息环境：多栖息于沿岸的海域中

  生态类群：游禽类

  地理区系：澳洲界

  居留类型：迷鸟

  保护等级：浙江省一般保护野生动物

  《IUCN 红色名录》：LC

  《中国生物多样性红色名录》：DD

  数据来源：宋世和，2018

十、鹳形目 CICONIIFORMES

130. 东方白鹳

东方白鹳 *Ciconia boyciana* Swinhoe，1873

  科：鹳科 Ciconiidae

  栖息环境：主要栖息于开阔而偏僻的平原、水稻田、草地和沼泽地带

  生态类群：涉禽类

  地理区系：古北界

  居留类型：冬候鸟

  保护等级：国家一级重点保护野生动物

  《IUCN 红色名录》：EN

  《中国生物多样性红色名录》：EN

  数据来源：《浙江动物志》编辑委员会，1990b；丽水市野生动物编目调查；宋世和，2018

十一、鲣鸟目 SULIFORMES

131. 普通鸬鹚

普通鸬鹚 *Phalacrocorax carbo*（Linnaeus，1758）

  科：鸬鹚科 Phalacrocoracidae

  栖息环境：栖息于河流、湖泊、池塘、水库、河口及其沼泽地带

  生态类群：游禽类

  地理区系：古北界

  居留类型：冬候鸟

  保护等级：浙江省一般保护野生动物

  《IUCN 红色名录》：LC

  《中国生物多样性红色名录》：LC

  数据来源：《浙江动物志》编辑委员会，1990b；丽水市野生动物编目调查；宋世和，2015；宋世和，2018

十二、鹈形目 PELECANIFORMES

132. 白琵鹭

白琵鹭 *Platalea leucorodia* Linnaeus，1758

科：鹮科 Threskiornithidae

栖息环境：主要栖息于河流、湖泊、水库岸边及其浅水处，也见于水淹平原、芦苇沼泽湿地、沿海沼泽、海岸

生态类群：涉禽类

地理区系：古北界

居留类型：冬候鸟

保护等级：国家二级重点保护野生动物

《IUCN 红色名录》：LC

《中国生物多样性红色名录》：NT

数据来源：《浙江动物志》编辑委员会，1990b；宋世和，2015；宋世和，2018

133. 黑脸琵鹭

黑脸琵鹭 *Platalea minor* Temminck & Schlegel，1849

科：鹮科 Threskiornithidae

栖息环境：主要栖息于沿海咸水区域，在内陆较为罕见

生态类群：涉禽类

地理区系：古北界

居留类型：冬候鸟

保护等级：国家一级重点保护野生动物

《IUCN 红色名录》：EN

《中国生物多样性红色名录》：EN

数据来源：丽水市野生动物编目调查

134. 苍鹭

苍鹭 *Ardea cinerea* Linnaeus，1758

科：鹭科 Ardeidae

栖息环境：主要栖息于江河、溪流、湖泊、水塘、海岸等水域岸边及其浅水处，也见于沼泽、稻田、山地

生态类群：涉禽类

地理区系：广布

居留类型：留鸟

保护等级：浙江省一般保护野生动物

《IUCN 红色名录》：LC

《中国生物多样性红色名录》：LC

数据来源：第二次全国陆生野生动物资源调查；《浙江动物志》编辑委员会，1990b；丽水市野生动物编目调查；宋世和，2015；宋世和，2018

135. 草鹭

草鹭 *Ardea purpurea* Linnaeus，1766

科：鹭科 Ardeidae

栖息环境：主要栖息于开阔平原和低山丘陵地带的湖泊、河流、沼泽、水库、水塘岸边及其浅水处

生态类群：涉禽类

地理区系：古北界

居留类型：夏候鸟

保护等级：浙江省一般保护野生动物

《IUCN 红色名录》：LC

《中国生物多样性红色名录》：LC

数据来源：宋世和，2015；宋世和，2018

136. 大白鹭

大白鹭 *Ardea alba* Linnaeus，1758

科：鹭科 Ardeidae

栖息环境：开阔平原和山地丘陵地区的河流、湖泊、水田、海滨、河口及其沼泽地带

生态类群：涉禽类

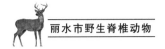

地理区系:东洋界

居留类型:夏候鸟

保护等级:浙江省一般保护野生动物

《IUCN 红色名录》:LC

《中国生物多样性红色名录》:LC

数据来源:《浙江动物志》编辑委员会,1990b;丽水市野生动物编目调查;宋世和,2015;宋世和,2018

137. 中白鹭

中白鹭 *Ardea intermedia* Wagler,1829

科:鹭科 Ardeidae

栖息环境:主要栖息和活动于河流、湖泊、沼泽、河口、海边、水塘岸边浅水处及河滩上,也常在水稻田中活动

生态类群:涉禽类

地理区系:东洋界

居留类型:夏候鸟

保护等级:浙江省一般保护野生动物

《IUCN 红色名录》:LC

《中国生物多样性红色名录》:LC

数据来源:《浙江动物志》编辑委员会,1990b;丽水市野生动物编目调查;宋世和,2015;宋世和,2018

138. 白鹭

白鹭 *Egretta garzetta* (Linnaeus,1766)

科:鹭科 Ardeidae

栖息环境:主要栖息在稻田、溪流、池塘、江河及水库附近

生态类群:涉禽类

地理区系:东洋界

居留类型:留鸟

保护等级:浙江省一般保护野生动物

《IUCN 红色名录》:LC

《中国生物多样性红色名录》:LC

数据来源:第二次全国陆生野生动物资源调查;《浙江动物志》编辑委员会,1990b;丽水市野生动物编目调查;宋世和,2018

139. 黄嘴白鹭

黄嘴白鹭 *Egretta eulophotes* (Swinhoe,1860)

科:鹭科 Ardeidae

栖息环境:沿海岛屿、海岸、海湾、河口及沿海附近的江河、湖泊、水塘、溪流、水稻田、沼泽地带

生态类群:涉禽类

地理区系:东洋界

居留类型:夏候鸟

保护等级:国家一级重点保护野生动物

《IUCN 红色名录》:VU

《中国生物多样性红色名录》:VU

数据来源:宋世和,2018

140. 牛背鹭

牛背鹭 *Bubulcus ibis* (Linnaeus,1758)

科:鹭科 Ardeidae

栖息环境:平原草地、牧场、湖泊、水库、山脚平原、低山水田、池塘、旱田、沼泽地上

生态类群:涉禽类

地理区系:东洋界

居留类型:夏候鸟

保护等级:浙江省一般保护野生动物

《IUCN 红色名录》:LC

《中国生物多样性红色名录》:LC

数据来源:第二次全国陆生野生动物资源调查;《浙江动物志》编辑委员会,1990b;丽水市野生动物编目调查;宋世和,2015;宋世和,2018

141. 池鹭

池鹭 *Ardeola bacchus*（Bonaparte，1855）

科：鹭科 Ardeidae

栖息环境：主要栖息于稻田、池塘、湖泊、水库和沼泽湿地等水域

生态类群：涉禽类

地理区系：东洋界

居留类型：留鸟

保护等级：浙江省一般保护野生动物

《IUCN 红色名录》：LC

《中国生物多样性红色名录》：LC

数据来源：第二次全国陆生野生动物资源调查；《浙江动物志》编辑委员会，1990b；丽水市野生动物编目调查；宋世和，2018

142. 绿鹭

绿鹭 *Butorides striata*（Linnaeus，1758）

科：鹭科 Ardeidae

栖息环境：山区沟谷、河流、湖泊、水库林缘与灌木草丛

生态类群：涉禽类

地理区系：东洋界

居留类型：夏候鸟

保护等级：浙江省一般保护野生动物

《IUCN 红色名录》：LC

《中国生物多样性红色名录》：LC

数据来源：丽水市野生动物编目调查；《浙江动物志》编辑委员会，1990b；宋世和，2015；宋世和，2018

143. 夜鹭

夜鹭 *Nycticorax nycticorax*（Linnaeus，1758）

科：鹭科 Ardeidae

栖息环境：平原和低山丘陵地区的溪流、水塘、江河、沼泽、水田附近

生态类群：涉禽类

地理区系：东洋界

居留类型：留鸟

保护等级：浙江省一般保护野生动物

《IUCN 红色名录》：LC

《中国生物多样性红色名录》：LC

数据来源：第二次全国陆生野生动物资源调查；《浙江动物志》编辑委员会，1990b；丽水市野生动物编目调查；宋世和，2015；宋世和，2018

144. 紫背苇鳽

紫背苇鳽 *Ixobrychus eurhythmus*（Swinhoe，1873）

科：鹭科 Ardeidae

栖息环境：开阔平原草地上富有岸边植物的河流、干湿草地、水塘和沼泽地上

生态类群：涉禽类

地理区系：东洋界

居留类型：夏候鸟

保护等级：浙江省一般保护野生动物

《IUCN 红色名录》：LC

《中国生物多样性红色名录》：LC

数据来源：《浙江动物志》编辑委员会，1990b；宋世和，2018

145. 黄斑苇鳽

黄斑苇鳽 *Ixobrychus sinensis*（Gmelin，JF，1789）

科：鹭科 Ardeidae

栖息环境：平原和低山丘陵地带富有水边植物的开阔水域中

生态类群：涉禽类

地理区系：东洋界

居留类型：夏候鸟

保护等级：浙江省一般保护野生

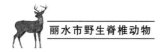

动物

《IUCN 红色名录》:LC

《中国生物多样性红色名录》:LC

数据来源:宋世和,2015

146. 栗苇鳽

栗苇鳽 *Ixobrychus cinnamomeus* (Gmelin,JF,1789)

科:鹭科 Ardeidae

栖息环境:主要栖息于芦苇沼泽、水塘、溪流和水稻田中,也见于田边和水塘附近小灌木上

生态类群:涉禽类

地理区系:东洋界

居留类型:夏候鸟

保护等级:浙江省一般保护野生动物

《IUCN 红色名录》:LC

《中国生物多样性红色名录》:LC

数据来源:《浙江动物志》编辑委员会,1990b;丽水市野生动物编目调查;宋世和,2015;宋世和,2018

147. 栗头鳽

栗头鳽 *Gorsachius goisagi* (Temminck,1836)

科:鹭科 Ardeidae

栖息环境:主要栖息于沿海附近浓密森林或林缘地带之溪流,也见于低山森林的沼泽、河谷、溪流

生态类群:涉禽类

地理区系:古北界

居留类型:旅鸟

保护等级:国家二级重点保护野生动物

《IUCN 红色名录》:EN

《中国生物多样性红色名录》:DD

数据来源:《浙江动物志》编辑委员会,1990b

148. 黑苇鳽

黑苇鳽 *Dupetor flavicollis* (Latham,1790)

科:鹭科 Ardeidae

栖息环境:栖息于森林及植物茂密的沼泽地,营巢于水上方或沼泽上方的密林植被中

生态类群:涉禽类

地理区系:东洋界

居留类型:夏候鸟

保护等级:浙江省一般保护野生动物

《IUCN 红色名录》:LC

《中国生物多样性红色名录》:LC

数据来源:《浙江动物志》编辑委员会,1990b;宋世和,2015;宋世和,2018

149. 大麻鳽

大麻鳽 *Botaurus stellaris* (Linnaeus,1758)

科:鹭科 Ardeidae

栖息环境:山地丘陵和山脚平原地带的河流、湖泊、池塘边的芦苇丛、草丛、灌丛、沼泽湿地等

生态类群:涉禽类

地理区系:古北界

居留类型:冬候鸟

保护等级:浙江省一般保护野生动物

《IUCN 红色名录》:LC

《中国生物多样性红色名录》:LC

数据来源:《浙江动物志》编辑委员会,1990b;丽水市野生动物编目调查;宋世和,2015;宋世和,2018

150. 海南鳽

海南鳽 *Gorsachius magnificus* (Ogilvie-Grant,1899)

科:鹭科 Ardeidae

栖息环境:主要栖息于亚热带高山密林中的山沟河谷和其他有水区域

生态类群:涉禽类

地理区系:东洋界

居留类型:夏候鸟

保护等级:国家一级重点保护野生动物

《IUCN 红色名录》:EN

《中国生物多样性红色名录》:EN

数据来源:丽水市野生动物编目调查

151. 卷羽鹈鹕

卷羽鹈鹕 *Pelecanus crispus* Bruch, 1832

科:鹈鹕科 Pelecanidae

栖息环境:内陆湖泊、江河、沼泽、沿海地带等

生态类群:游禽类

地理区系:古北界

居留类型:冬候鸟

保护等级:国家一级重点保护野生动物

《IUCN 红色名录》:NT

《中国生物多样性红色名录》:EN

数据来源:宋世和,2018

十三、鹰形目 ACCIPITRIFORMES

152. 鹗

鹗 *Pandion haliaetus*（Linnaeus, 1758）

科:鹗科 Pandionidae

栖息环境:水库、湖泊、溪流、江河、鱼塘、海边等

生态类群:猛禽类

地理区系:东洋界

居留类型:留鸟

保护等级:国家二级重点保护野生动物

《IUCN 红色名录》:LC

《中国生物多样性红色名录》:NT

数据来源:丽水市野生动物编目调查;宋世和,2015;宋世和,2018

153. 黑冠鹃隼

黑冠鹃隼 *Aviceda leuphotes*(Dumont, 1820)

科:鹰科 Accipitridae

栖息环境:平原低山丘陵、高山森林、疏林草坡、村庄和林缘田间地带

生态类群:猛禽类

地理区系:东洋界

居留类型:夏候鸟

保护等级:国家二级重点保护野生动物

《IUCN 红色名录》:LC

《中国生物多样性红色名录》:LC

数据来源:丽水市野生动物编目调查;第二次全国陆生野生动物资源调查;《浙江动物志》编辑委员会,1990b;龙泉市林业局,2009;《凤阳山志》编委会,2012;洪起平等,2007;宋世和,2015;宋世和,2018

154. 凤头蜂鹰

凤头蜂鹰 *Pernis ptilorhynchus* (Temminck,1821)

科:鹰科 Accipitridae

栖息环境:不同海拔高度的阔叶林、针叶林和针阔叶混交林中

生态类群:猛禽类

地理区系:东洋界

居留类型:旅鸟

保护等级:国家二级重点保护野生动物

《IUCN 红色名录》:LC

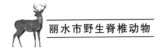

《中国生物多样性红色名录》:NT

数据来源:丽水市野生动物编目调查;宋世和,2015;宋世和,2018

155. 黑翅鸢

黑翅鸢 *Elanus caeruleus*(Desfontaines,1789)

科:鹰科 Accipitridae

栖息环境:有树木和灌木的开阔原野、农田、疏林、草原

生态类群:猛禽类

地理区系:东洋界

居留类型:夏候鸟

保护等级:国家二级重点保护野生动物

《IUCN 红色名录》:LC

《中国生物多样性红色名录》:NT

数据来源:丽水市野生动物编目调查;第二次全国陆生野生动物资源调查;宋世和,2015;宋世和,2018

156. 黑鸢

黑鸢 *Milvus migrans*(Boddaert,1783)

科:鹰科 Accipitridae

栖息环境:主要栖息于开阔平原、草地、荒原和低山丘陵地带,也常在城郊、村屯、田野、港湾、湖泊

生态类群:猛禽类

地理区系:古北界

居留类型:留鸟

保护等级:国家二级重点保护野生动物

《IUCN 红色名录》:LC

《中国生物多样性红色名录》:LC

数据来源:第二次全国陆生野生动物资源调查;《浙江动物志》编辑委员会,1990b;丽水市野生动物编目调查;龙泉市林业局,2009;洪起平等,2007;宋世和,2015;宋世和,2018

157. 栗鸢

栗鸢 *Haliastur indus*(Boddaert,1783)

科:鹰科 Accipitridae

栖息环境:主要栖息于江河、湖泊、水塘、沼泽、沿海海岸及附近村镇

生态类群:猛禽类

地理区系:东洋界

居留类型:夏候鸟

保护等级:国家二级重点保护野生动物

《IUCN 红色名录》:LC

《中国生物多样性红色名录》:VU

数据来源:《浙江动物志》编辑委员会,1990b

158. 蛇雕

蛇雕 *Spilornis cheela*(Latham,1790)

科:鹰科 Accipitridae

栖息环境:山地森林及其林缘开阔地带

生态类群:猛禽类

地理区系:东洋界

居留类型:留鸟

保护等级:国家二级重点保护野生动物

《IUCN 红色名录》:LC

《中国生物多样性红色名录》:NT

数据来源:第二次全国陆生野生动物资源调查;《浙江动物志》编辑委员会,1990b;丽水市野生动物编目调查;龙泉市林业局,2009;《凤阳山志》编委会,2012;洪起平等,2007;宋世和,2015;宋世和,2018

159. 白腹鹞

白腹鹞 *Circus spilonotus* Kaup,1847

科:鹰科 Accipitridae

栖息环境：沼泽、芦苇塘、江河、湖泊沿岸等较潮湿而开阔的地方

生态类群：猛禽类

地理区系：古北界

居留类型：冬候鸟

保护等级：国家二级重点保护野生动物

《IUCN 红色名录》：LC

《中国生物多样性红色名录》：NT

数据来源：宋世和，2015；宋世和，2018

160. 白尾鹞

白尾鹞 *Circus cyaneus*（Linnaeus，1766）

科：鹰科 Accipitridae

栖息环境：原野、沼泽、农田等开阔生境

生态类群：猛禽类

地理区系：古北界

居留类型：冬候鸟

保护等级：国家二级重点保护野生动物

《IUCN 红色名录》：LC

《中国生物多样性红色名录》：NT

数据来源：《浙江动物志》编辑委员会，1990b；宋世和，2018

161. 鹊鹞

鹊鹞 *Circus melanoleucos*（Pennant，1769）

科：鹰科 Accipitridae

栖息环境：开阔的低山丘陵和山脚平原、草地、旷野、河谷、沼泽、林缘、灌丛、沼泽草地

生态类群：猛禽类

地理区系：古北界

居留类型：冬候鸟

保护等级：国家二级重点保护野生动物

《IUCN 红色名录》：LC

《中国生物多样性红色名录》：NT

数据来源：宋世和，2018

162. 凤头鹰

凤头鹰 *Accipiter trivirgatus*（Temminck，1824）

科：鹰科 Accipitridae

栖息环境：主要栖息于山地森林和山脚林缘地带，偶尔也到山脚平原和村庄附近活动

生态类群：猛禽类

地理区系：东洋界

居留类型：留鸟

保护等级：国家二级重点保护野生动物

《IUCN 红色名录》：LC

《中国生物多样性红色名录》：NT

数据来源：丽水市野生动物编目调查；第二次全国陆生野生动物资源调查；宋世和，2015；宋世和，2018

163. 赤腹鹰

赤腹鹰 *Accipiter soloensis*（Horsfield，1821）

科：鹰科 Accipitridae

栖息环境：主要栖息于山地森林和林缘地带，也见于低山丘陵和山麓平原地带的小块丛林、农田、村庄附近

生态类群：猛禽类

地理区系：东洋界

居留类型：夏候鸟

保护等级：国家二级重点保护野生动物

《IUCN 红色名录》：LC

《中国生物多样性红色名录》：LC

数据来源：第二次全国陆生野生动物资源调查；《浙江动物志》编辑委员会，1990b；丽水市野生动物编目调查；龙泉市林业局，2009；《凤阳山志》编委

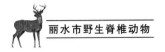

会，2012；洪起平等，2007；宋世和，2015；宋世和，2018

164.日本松雀鹰

日本松雀鹰 *Accipiter gularis*（Temminck & Schlegel，1844）

科：鹰科 Accipitridae

栖息环境：主要栖息于山地针叶林和针阔叶混交林中，也出现在林缘和疏林地带，喜欢出入林中溪流和沟谷地带

生态类群：猛禽类

地理区系：古北界

居留类型：冬候鸟

保护等级：国家二级重点保护野生动物

《IUCN 红色名录》：LC

《中国生物多样性红色名录》：LC

数据来源：宋世和，2015；宋世和，2018

165.松雀鹰

松雀鹰 *Accipiter virgatus*（Temminck，1822）

科：鹰科 Accipitridae

栖息环境：主要栖息于针叶林、混交林、阔叶林等山地丘陵和林缘地带

生态类群：猛禽类

地理区系：东洋界

居留类型：留鸟

保护等级：国家二级重点保护野生动物

《IUCN 红色名录》：LC

《中国生物多样性红色名录》：LC

数据来源：第二次全国陆生野生动物资源调查；《浙江动物志》编辑委员会，1990b；丽水市野生动物编目调查；龙泉市林业局，2009；《凤阳山志》编委会，2012；洪起平等，2007；宋世和，2018

166.雀鹰

雀鹰 *Accipiter nisus*（Linnaeus，1758）

科：鹰科 Accipitridae

栖息环境：针叶林、针阔叶混交林、阔叶林等山地森林和林缘地带，山脚平原，农田地边，村庄附近

生态类群：猛禽类

地理区系：古北界

居留类型：冬候鸟

保护等级：国家二级重点保护野生动物

《IUCN 红色名录》：LC

《中国生物多样性红色名录》：LC

数据来源：《浙江动物志》编辑委员会，1990b；丽水市野生动物编目调查；龙泉市林业局，2009；《凤阳山志》编委会，2012；洪起平等，2007；宋世和，2015；宋世和，2018

167.苍鹰

苍鹰 *Accipiter gentilis*（Linnaeus，1758）

科：鹰科 Accipitridae

栖息环境：主要栖息于山地疏林、林缘地带，也见于平原、丘陵地带的疏林和小块林内

生态类群：猛禽类

地理区系：古北界

居留类型：冬候鸟

保护等级：国家二级重点保护野生动物

《IUCN 红色名录》：LC

《中国生物多样性红色名录》：NT

数据来源：《浙江动物志》编辑委员会，1990b；龙泉市林业局，2009；《凤阳山志》编委会，2012；洪起平等，2007；宋世和，2015；宋世和，2018

168.灰脸鵟鹰

灰脸鵟鹰 *Butastur indicus*（Gmelin，JF，1788）

科:鹰科 Accipitridae

栖息环境:主要栖息于林缘、山地、丘陵、草地、农田和村屯附近等较为开阔的地区,有时也出现在荒漠和河谷地带

生态类群:猛禽类

地理区系:古北界

居留类型:冬候鸟

保护等级:国家二级重点保护野生动物

《IUCN 红色名录》:LC

《中国生物多样性红色名录》:NT

数据来源:丽水市野生动物编目调查;《浙江动物志》编辑委员会,1990b;宋世和,2015;宋世和,2018

169. 普通鵟

普通鵟 *Buteo japonicus* Temminck & Schlegel,1844

科:鹰科 Accipitridae

栖息环境:主要栖息于山地森林和林缘地带,秋冬季节则多出现在低山丘陵和山脚平原地带

生态类群:猛禽类

地理区系:古北界

居留类型:冬候鸟

保护等级:国家二级重点保护野生动物

《IUCN 红色名录》:LC

《中国生物多样性红色名录》:LC

数据来源:第二次全国陆生野生动物资源调查;《浙江动物志》编辑委员会,1990b;丽水市野生动物编目调查;宋世和,2015;宋世和,2018

170. 大鵟

大鵟 *Buteo hemilasius* Temminck & Schlegel,1844

科:鹰科 Accipitridae

栖息环境:主要栖息于山地、山脚

平原和草原等地区,冬季也常出现在平原地带的农田、芦苇沼泽、村庄甚至城市附近

生态类群:猛禽类

地理区系:古北界

居留类型:冬候鸟

保护等级:国家二级重点保护野生动物

《IUCN 红色名录》:LC

《中国生物多样性红色名录》:VU

数据来源:《浙江动物志》编辑委员会,1990b

171. 毛脚鵟

毛脚鵟 *Buteo lagopus*(Pontoppidan,1763)

科:鹰科 Accipitridae

栖息环境:主要栖息于低山丘陵、林缘地带,秋冬季节则多出现在低山丘陵和山脚平原地带

生态类群:猛禽类

地理区系:古北界

居留类型:冬候鸟

保护等级:国家二级重点保护野生动物

《IUCN 红色名录》:LC

《中国生物多样性红色名录》:NT

数据来源:《浙江动物志》编辑委员会,1990b

172. 林雕

林雕 *Ictinaetus malaiensis*(Temminck,1822)

科:鹰科 Accipitridae

栖息环境:山地森林中,是一种高度依赖森林为其栖息环境的猛禽

生态类群:猛禽类

地理区系:东洋界

居留类型:留鸟

保护等级:国家二级重点保护野生

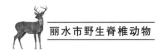

动物

《IUCN 红色名录》:LC

《中国生物多样性红色名录》:VU

数据来源:丽水市野生动物编目调查;第二次全国陆生野生动物资源调查;龙泉市林业局,2009;《凤阳山志》编委会,2012;洪起平等,2007;宋世和,2015;宋世和,2018

173. 乌雕

乌雕 *Clanga clanga*(Pallas,1811)

科:鹰科 Accipitridae

栖息环境:主要栖息于低山丘陵和开阔平原地区的森林中,也出现在水域附近的平原草地和林缘地带

生态类群:猛禽类

地理区系:古北界

居留类型:冬候鸟

保护等级:国家一级重点保护野生动物

《IUCN 红色名录》:VU

《中国生物多样性红色名录》:EN

数据来源:《浙江动物志》编辑委员会,1990b;龙泉市林业局,2009;《凤阳山志》编委会,2012;洪起平等,2007

174. 金雕

金雕 *Aquila chrysaetos*(Linnaeus,1758)

科:鹰科 Accipitridae

栖息环境:主要栖息于草原、荒漠、河谷,特别是高山针叶林中,冬季亦常在山地丘陵和山脚平原地带活动

生态类群:猛禽类

地理区系:古北界

居留类型:留鸟

保护等级:国家一级重点保护野生动物

《IUCN 红色名录》:LC

《中国生物多样性红色名录》:VU

数据来源:《浙江动物志》编辑委员会,1990b

175. 白腹隼雕

白腹隼雕 *Aquila fasciata* Vieillot,1822

科:鹰科 Accipitridae

栖息环境:主要栖息于低山丘陵和山地森林中,也常出现在山脚平原、沼泽甚至半荒漠地区

生态类群:猛禽类

地理区系:东洋界

居留类型:留鸟

保护等级:国家二级重点保护野生动物

《IUCN 红色名录》:LC

《中国生物多样性红色名录》:VU

数据来源:《浙江动物志》编辑委员会,1990b;宋世和,2015;宋世和,2018

176. 靴隼雕

靴隼雕 *Hieraaetus pennatus*(Gmelin,JF,1788)

科:鹰科 Accipitridae

栖息环境:主要栖息于山地森林和平原森林地带,冬季多栖息在低山丘陵和山脚平原等开阔地区

生态类群:猛禽类

地理区系:古北界

居留类型:旅鸟

保护等级:国家二级重点保护野生动物

《IUCN 红色名录》:LC

《中国生物多样性红色名录》:VU

数据来源:宋世和,2018

177. 鹰雕

鹰雕 *Nisaetus nipalensis* Hodgson,1836

科:鹰科 Accipitridae

栖息环境:大多栖息于山地森林地

带,冬季常下到低山丘陵、山脚平原地区的阔叶林和林缘地带活动

　　生态类群:猛禽类

　　地理区系:东洋界

　　居留类型:留鸟

　　保护等级:国家二级重点保护野生动物

　　《IUCN 红色名录》:LC

《中国生物多样性红色名录》:NT

　　数据来源:第二次全国陆生野生动物资源调查;《浙江动物志》编辑委员会,1990b;丽水市野生动物编目调查;龙泉市林业局,2009;《凤阳山志》编委会,2012;洪起平等,2007;宋世和,2015;宋世和,2018

十四、鸮形目 STRIGIFORME

178. 领角鸮

领角鸮 *Otus lettia*(Hodgson,1836)

　　科:鹰科 Accipitridae

　　栖息环境:主要栖息于山地阔叶林和针阔叶混交林中,也出现于山麓林缘和村寨附近树林内

　　生态类群:猛禽类

　　地理区系:东洋界

　　居留类型:留鸟

　　保护等级:国家二级重点保护野生动物

　　《IUCN 红色名录》:LC

　　《中国生物多样性红色名录》:LC

　　数据来源:第二次全国陆生野生动物资源调查;《浙江动物志》编辑委员会,1990b;丽水市野生动物编目调查;宋世和,2018

179. 红角鸮

红角鸮 *Otus sunia*(Hodgson,1836)

　　科:鸱鸮科 Strigidae

　　栖息环境:主要栖息于山地阔叶林和针阔叶混交林中,喜有树丛的开阔原野

　　生态类群:猛禽类

　　地理区系:东洋界

　　居留类型:留鸟

　　保护等级:国家二级重点保护野生动物

　　《IUCN 红色名录》:LC

　　《中国生物多样性红色名录》:LC

　　数据来源:《浙江动物志》编辑委员会,1990b;丽水市野生动物编目调查

180. 黄嘴角鸮

黄嘴角鸮 *Otus spilocephalus*(Blyth,1846)

　　科:鸱鸮科 Strigidae

　　栖息环境:主要栖息于山地常绿阔叶林和针阔叶混交林中,有时也到山脚林缘地带

　　生态类群:猛禽类

　　地理区系:东洋界

　　居留类型:留鸟

　　保护等级:国家二级重点保护野生动物

　　《IUCN 红色名录》:LC

　　《中国生物多样性红色名录》:NT

　　数据来源:丽水市野生动物编目调查

181. 雕鸮

雕鸮 *Bubo bubo*(Linnaeus,1758)

　　科:鸱鸮科 Strigidae

　　栖息环境:山地森林、平原、荒野、林缘灌丛、疏林、裸露的高山和峭壁等

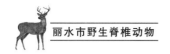

各类环境中

生态类群:猛禽类

地理区系:东洋界

居留类型:留鸟

保护等级:国家二级重点保护野生动物

《IUCN 红色名录》:LC

《中国生物多样性红色名录》:NT

数据来源:《浙江动物志》编辑委员会,1990b;宋世和,2015;宋世和,2018

182. 褐林鸮

褐林鸮 *Strix leptogrammica* Temminck,1832

科:鸱鸮科 Strigidae

栖息环境:山地森林、平原和低山地区

生态类群:猛禽类

地理区系:东洋界

居留类型:留鸟

保护等级:国家二级重点保护野生动物

《IUCN 红色名录》:LC

《中国生物多样性红色名录》:NT

数据来源:丽水市野生动物编目调查;龙泉市林业局,2009;《凤阳山志》编委会,2012;洪起平等,2007;宋世和,2018

183. 领鸺鹠

领鸺鹠 *Glaucidium brodiei* (Burton,1836)

科:鸱鸮科 Strigidae

栖息环境:山地森林和林缘灌丛地带

生态类群:猛禽类

地理区系:东洋界

居留类型:留鸟

保护等级:国家二级重点保护野生动物

《IUCN 红色名录》:LC

《中国生物多样性红色名录》:LC

数据来源:第二次全国陆生野生动物资源调查;《浙江动物志》编辑委员会,1990b;丽水市野生动物编目调查;龙泉市林业局,2009;《凤阳山志》编委会,2012;洪起平等,2007;宋世和,2015;宋世和,2018

184. 斑头鸺鹠

斑头鸺鹠 *Glaucidium cuculoides* (Vigors,1830)

科:鸱鸮科 Strigidae

栖息环境:主要栖息于平原、低山丘陵地带的阔叶林、针阔叶混交林、次生林和林缘灌丛,也出现于村寨、农田附近的疏林和树上

生态类群:猛禽类

地理区系:东洋界

居留类型:留鸟

保护等级:国家二级重点保护野生动物

《IUCN 红色名录》:LC

《中国生物多样性红色名录》:LC

数据来源:第二次全国陆生野生动物资源调查;《浙江动物志》编辑委员会,1990b;丽水市野生动物编目调查;龙泉市林业局,2009;《凤阳山志》编委会,2012;洪起平等,2007;宋世和,2015;宋世和,2018

185. 日本鹰鸮

日本鹰鸮 *Ninox japonica* (Temminck & Schlegel,1844)

科:鸱鸮科 Strigidae

栖息环境:主要栖息于针阔叶混交林和阔叶林中,也出现于低山丘陵和山脚平原地带的树林、林缘灌丛、果园、农田地区

生态类群:猛禽类

地理区系:东洋界

居留类型:冬候鸟

保护等级:国家二级重点保护野生动物

《IUCN 红色名录》:LC

《中国生物多样性红色名录》:DD

数据来源:丽水市野生动物编目调查;《浙江动物志》编辑委员会,1990b;宋世和,2018

186. 长耳鸮

长耳鸮 Asio otus(Linnaeus,1758)

科:鸱鸮科 Strigidae

栖息环境:主要栖息于针叶林、针阔叶混交林和阔叶林等各种类型的森林中,也出现于林缘疏林、农田防护林和城市公园的林地中

生态类群:猛禽类

地理区系:古北界

居留类型:冬候鸟

保护等级:国家二级重点保护野生动物

《IUCN 红色名录》:LC

《中国生物多样性红色名录》:LC

数据来源:第二次全国陆生野生动物资源调查;《浙江动物志》编辑委员会,1990b

187. 短耳鸮

短耳鸮 Asio flammeus(Pontoppidan,1763)

科:鸱鸮科 Strigidae

栖息环境:主要栖息于低山丘陵、平原、沼泽等各类生境中

生态类群:猛禽类

地理区系:古北界

居留类型:冬候鸟

保护等级:国家二级重点保护野生动物

《IUCN 红色名录》:LC

《中国生物多样性红色名录》:NT

数据来源:第二次全国陆生野生动物资源调查;《浙江动物志》编辑委员会,1990b

188. 草鸮

草鸮 Tyto longimembris(Jerdon,1839)

科:草鸮科 Tyonidae

栖息环境:栖息于山麓草灌丛、沼泽,隐藏在地面高草中,有时也在幼松的顶部脆弱的树枝上栖息

生态类群:猛禽类

地理区系:东洋界

居留类型:留鸟

保护等级:国家二级重点保护野生动物

《IUCN 红色名录》:LC

《中国生物多样性红色名录》:DD

数据来源:《浙江动物志》编辑委员会,1990b;宋世和,2015;宋世和,2018

十五、咬鹃目 TROGONIFORMES

189. 红头咬鹃

红头咬鹃 Harpactes erythrocephalus(Gould,1834)

科:咬鹃科 Trogonidae

栖息环境:主要栖息于常绿阔叶林和次生林中

生态类群:攀禽类

地理区系:东洋界

居留类型:留鸟

保护等级:国家二级重点保护野生动物

《IUCN 红色名录》:LC

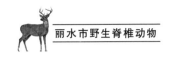

《中国生物多样性红色名录》:NT

数据来源:丽水市野生动物编目调

查;第二次全国陆生野生动物资源调

查;宋世和,2018

十六、犀鸟目 BUCEROTIFORMES

190. 戴胜

戴胜 *Upupa epops* Linnaeus,1758

科:戴胜科 Upupidae

栖息环境:山地、平原、森林、林缘、路边、河谷、农田、草地、村屯和果园等开阔地方

生态类群:攀禽类

地理区系:东洋界

居留类型:留鸟

保护等级:浙江省重点保护野生动物

《IUCN 红色名录》:LC

《中国生物多样性红色名录》:LC

数据来源:《浙江动物志》编辑委员会,1990b;丽水市野生动物编目调查;宋世和,2015;宋世和,2018

十七、佛法僧目 CORACIIFORMES

191. 蓝喉蜂虎

蓝喉蜂虎 *Merops viridis* Linnaeus, 1758

科:蜂虎科 Meropidae

栖息环境:主要栖息于林缘疏林、灌丛、草坡等开阔地,也出现于农田、海岸、河谷和果园等,尤喜近海低洼处的开阔原野及林地

生态类群:攀禽类

地理区系:东洋界

居留类型:夏候鸟

保护等级:国家二级重点保护野生动物

《IUCN 红色名录》:LC

《中国生物多样性红色名录》:LC

数据来源:《浙江动物志》编辑委员会,1990b;丽水市野生动物编目调查;宋世和,2018

192. 三宝鸟

三宝鸟 *Eurystomus orientalis* (Linnaeus,1766)

科:佛法僧科 Coraciidae

栖息环境:主要栖息于针阔叶混交林和阔叶林林缘、路边、河谷两岸高大的乔木树上

生态类群:攀禽类

地理区系:东洋界

居留类型:夏候鸟

保护等级:浙江省重点保护野生动物

《IUCN 红色名录》:LC

《中国生物多样性红色名录》:LC

数据来源:第二次全国陆生野生动物资源调查;《浙江动物志》编辑委员会,1990b;丽水市野生动物编目调查;龙泉市林业局,2009;《凤阳山志》编委会,2012;洪起平等,2007;宋世和,2015;宋世和,2018

193. 普通翠鸟

普通翠鸟 *Alcedo atthis*(Linnaeus, 1758)

科:翠鸟科 Alcedinidae

栖息环境:主要栖息于林区溪流、平原河谷、水库、水塘、水田岸边

生态类群:攀禽类

地理区系:东洋界

居留类型:留鸟

保护等级:浙江省一般保护野生动物

《IUCN 红色名录》:LC

《中国生物多样性红色名录》:LC

数据来源:第二次全国陆生野生动物资源调查;《浙江动物志》编辑委员会,1990b;丽水市野生动物编目调查;龙泉市林业局,2009;《凤阳山志》编委会,2012;洪起平等,2007;宋世和,2015;宋世和,2018

194. 白胸翡翠

白胸翡翠 *Halcyon smyrnensis*(Linnaeus,1758)

科:翠鸟科 Alcedinidae

栖息环境:主要栖息于山地森林和山脚平原河流、湖泊岸边,也出现于池塘、水库、沼泽、稻田等水域岸边,有时亦远离水域活动

生态类群:攀禽类

地理区系:东洋界

居留类型:留鸟

保护等级:国家二级重点保护野生动物

《IUCN 红色名录》:LC

《中国生物多样性红色名录》:LC

数据来源:丽水市野生动物编目调查;《浙江动物志》编辑委员会,1990b;宋世和,2015;宋世和,2018

195. 蓝翡翠

蓝翡翠 *Halcyon pileata*(Boddaert,1783)

科:翠鸟科 Alcedinidae

栖息环境:主要栖息于林中溪流,以及山脚与平原地带的河流、水塘、沼泽地带

生态类群:攀禽类

地理区系:东洋界

居留类型:夏候鸟

保护等级:浙江省一般保护野生动物

《IUCN 红色名录》:LC

《中国生物多样性红色名录》:LC

数据来源:丽水市野生动物编目调查;《浙江动物志》编辑委员会,1990b;龙泉市林业局,2009;《凤阳山志》编委会,2012;洪起平等,2007;宋世和,2015;宋世和,2018

196. 冠鱼狗

冠鱼狗 *Megaceryle lugubris*(Temminck,1834)

科:翠鸟科 Alcedinidae

栖息环境:林中溪流、山脚平原、灌丛或疏林、水清澈而缓流的小河、溪涧、湖泊以及灌溉渠等

生态类群:攀禽类

地理区系:东洋界

居留类型:留鸟

保护等级:浙江省一般保护野生动物

《IUCN 红色名录》:LC

《中国生物多样性红色名录》:LC

数据来源:第二次全国陆生野生动物资源调查;《浙江动物志》编辑委员会,1990b;丽水市野生动物编目调查;宋世和,2015;宋世和,2018

197. 斑鱼狗

斑鱼狗 *Ceryle rudis*(Linnaeus,1758)

科:翠鸟科 Alcedinidae

栖息环境:主要栖息于低山和平原溪流、河流、湖泊、运河等开阔水域岸边,有时甚至出现在水塘和路边水渠岸上

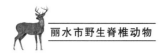

生态类群:攀禽类

地理区系:东洋界

居留类型:留鸟

保护等级:浙江省一般保护野生动物

《IUCN 红色名录》:LC

《中国生物多样性红色名录》:LC

数据来源:丽水市野生动物编目调查;《浙江动物志》编辑委员会,1990b;宋世和,2015;宋世和,2018

十八、啄木鸟目 PICIFORMES

198.大拟啄木鸟

大拟啄木鸟 *Psilopogon virens* (Boddaert,1783)

科:拟啄木鸟科 Capitonidae

栖息环境:主要栖息于中低山常绿阔叶林内,也见于针阔叶混交林

生态类群:攀禽类

地理区系:东洋界

居留类型:留鸟

保护等级:浙江省一般保护野生动物

《IUCN 红色名录》:LC

《中国生物多样性红色名录》:LC

数据来源:《浙江动物志》编辑委员会,1990b;丽水市野生动物编目调查;龙泉市林业局,2009;《凤阳山志》编委会,2012;洪起平等,2007;宋世和,2015;宋世和,2018

199.黑眉拟啄木鸟

黑眉拟啄木鸟 *Psilopogon faber* (Swinhoe,1870)

科:拟啄木鸟科 Capitonidae

栖息环境:主要栖息于中低山和山脚平原常绿阔叶林和次生林中

生态类群:攀禽类

地理区系:东洋界

居留类型:留鸟

保护等级:浙江省一般保护野生动物

《IUCN 红色名录》:LC

《中国生物多样性红色名录》:LC

数据来源:丽水市野生动物编目调查;第二次全国陆生野生动物资源调查;宋世和,2018

200.蚁䴕

蚁䴕 *Jynx torquilla* Linnaeus,1758

科:啄木鸟科 Picidae

栖息环境:主要栖息于低山和平原开阔的疏林地带,尤喜阔叶林和针阔叶混交林

生态类群:攀禽类

地理区系:古北界

居留类型:冬候鸟

保护等级:浙江省重点保护野生动物

《IUCN 红色名录》:LC

《中国生物多样性红色名录》:LC

数据来源:丽水市野生动物编目调查;宋世和,2015;宋世和,2018

201.斑姬啄木鸟

斑姬啄木鸟 *Picumnus innominatus* Burton,1836

科:啄木鸟科 Picidae

栖息环境:主要栖息于低山丘陵、山脚平原常绿或落叶阔叶林中,尤其喜欢在开阔的疏林、竹林和林缘灌丛活动

生态类群:攀禽类

地理区系:东洋界

居留类型:留鸟

保护等级:浙江省重点保护野生

动物

　　《IUCN 红色名录》:LC

　　《中国生物多样性红色名录》:LC

　　数据来源:《浙江动物志》编辑委员会,1990b;丽水市野生动物编目调查;宋世和,2015;宋世和,2018

202. 星头啄木鸟

　　星头啄木鸟 *Dendrocopos canicapillus* (Blyth,1845)

　　科:啄木鸟科 Picidae

　　栖息环境:主要栖息于山地和平原阔叶林、针阔叶混交林、针叶林中,也出现于村边和耕地中的零星乔木树上

　　生态类群:攀禽类

　　地理区系:东洋界

　　居留类型:留鸟

　　保护等级:浙江省重点保护野生动物

　　《IUCN 红色名录》:NE

　　《中国生物多样性红色名录》:LC

　　数据来源:第二次全国陆生野生动物资源调查;《浙江动物志》编辑委员会,1990b;丽水市野生动物编目调查;宋世和,2015;宋世和,2018

203. 大斑啄木鸟

　　大斑啄木鸟 *Dendrocopos major* (Linnaeus,1758)

　　科:啄木鸟科 Picidae

　　栖息环境:主要栖息于山地和平原针叶林、针阔叶混交林、阔叶林中,也出现于林缘次生林、农田地边疏林及灌丛地带

　　生态类群:攀禽类

　　地理区系:东洋界

　　居留类型:留鸟

　　保护等级:浙江省重点保护野生动物

　　《IUCN 红色名录》:LC

　　《中国生物多样性红色名录》:LC

　　数据来源:丽水市野生动物编目调查;第二次全国陆生野生动物资源调查;《浙江动物志》编辑委员会,1990b;龙泉市林业局,2009;《凤阳山志》编委会,2012;洪起平等,2007

204. 灰头绿啄木鸟

　　灰头绿啄木鸟 *Picus canus* Gmelin,JF,1788

　　科:啄木鸟科 Picidae

　　栖息环境:主要栖息于低山阔叶林和针阔叶混交林,也出现于次生林和林缘地带

　　生态类群:攀禽类

　　地理区系:东洋界

　　居留类型:留鸟

　　保护等级:浙江省重点保护野生动物

　　《IUCN 红色名录》:LC

　　《中国生物多样性红色名录》:LC

　　数据来源:第二次全国陆生野生动物资源调查;《浙江动物志》编辑委员会,1990b;丽水市野生动物编目调查;龙泉市林业局,2009;《凤阳山志》编委会,2012;洪起平等,2007;宋世和,2015;宋世和,2018

205. 黄嘴栗啄木鸟

　　黄嘴栗啄木鸟 *Blythipicus pyrrhotis* (Hodgson,1837)

　　科:啄木鸟科 Picidae

　　栖息环境:主要栖息于山地常绿阔叶林中,冬季也常到山脚平原和林缘地带活动

　　生态类群:攀禽类

　　地理区系:东洋界

　　居留类型:留鸟

　　保护等级:浙江省重点保护野生动物

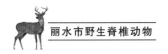

《IUCN 红色名录》:LC

《中国生物多样性红色名录》:LC

数据来源:丽水市野生动物编目调查;第二次全国陆生野生动物资源调查;宋世和,2015;宋世和,2018

206. 栗啄木鸟

栗啄木鸟 *Micropternus brachyurus* (Vieillot,1818)

科:啄木鸟科 Picidae

栖息环境:主要栖息于低海拔的开阔林地、次生林、林缘地带、园林及人工林,也出现于开阔的荒野上

生态类群:攀禽类

地理区系:东洋界

居留类型:留鸟

保护等级:浙江省重点保护野生动物

《IUCN 红色名录》:LC

《中国生物多样性红色名录》:LC

数据来源:丽水市野生动物编目调查

十九、隼形目 FALCONIFORMES

207. 白腿小隼

白腿小隼 *Microhierax melanoleucos* (Blyth,1843)

科:隼科 Falconidae

栖息环境:主要栖息于落叶森林和林缘地区,尤喜林内开阔草地和河谷地带,也常出现在山脚和邻近的开阔平原

生态类群:猛禽类

地理区系:东洋界

居留类型:留鸟

保护等级:国家二级重点保护野生动物

《IUCN 红色名录》:LC

《中国生物多样性红色名录》:VU

数据来源:《浙江动物志》编辑委员会,1990b;丽水市野生动物编目调查;龙泉市林业局,2009;《凤阳山志》编委会,2012;洪起平等,2007;宋世和,2018

208. 红隼

红隼 *Falco tinnunculus* Linnaeus, 1758

科:隼科 Falconidae

栖息环境:山地森林、低山丘陵、草原、旷野、河谷和农田等

生态类群:猛禽类

地理区系:东洋界

居留类型:留鸟

保护等级:国家二级重点保护野生动物

《IUCN 红色名录》:LC

《中国生物多样性红色名录》:LC

数据来源:第二次全国陆生野生动物资源调查;《浙江动物志》编辑委员会,1990b;丽水市野生动物编目调查;宋世和,2015;宋世和,2018

209. 红脚隼

红脚隼 *Falco amurensis* Radde,1863

科:隼科 Falconidae

栖息环境:低山疏林、林缘、山脚平原、丘陵地区的沼泽、草地、河流、山谷、耕地等开阔地区

生态类群:猛禽类

地理区系:古北界

居留类型:旅鸟

保护等级:国家二级重点保护野生动物

《IUCN 红色名录》:LC

《中国生物多样性红色名录》:NT

数据来源:丽水市野生动物编目调查;《浙江动物志》编辑委员会,1990b;宋世和,2015;宋世和,2018

210. 灰背隼

灰背隼 *Falco columbarius* Linnaeus,1758

科:隼科 Falconidae

栖息环境:开阔的低山丘陵、山脚平原、有稀疏树木的开阔地、农田草坡等

生态类群:猛禽类

地理区系:古北界

居留类型:冬候鸟

保护等级:国家二级重点保护野生动物

《IUCN 红色名录》:LC

《中国生物多样性红色名录》:NT

数据来源:丽水市野生动物编目调查;《浙江动物志》编辑委员会,1990b

211. 燕隼

燕隼 *Falco subbuteo* Linnaeus,1758

科:隼科 Falconidae

栖息环境:主要栖息于有稀疏树木生长的开阔平原、旷野、耕地、海岸、疏林和林缘地带,有时也到村庄附近

生态类群:猛禽类

地理区系:东洋界

居留类型:留鸟

保护等级:国家二级重点保护野生动物

《IUCN 红色名录》:LC

《中国生物多样性红色名录》:LC

数据来源:《浙江动物志》编辑委员会,1990b;丽水市野生动物编目调查;《凤阳山志》编委会,2012;洪起平等,2007;宋世和,2015;宋世和,2018

212. 游隼

游隼 *Falco peregrinus* Tunstall,1771

科:隼科 Falconidae

栖息环境:主要栖息于山地、丘陵、荒漠、海岸、旷野、草原、沼泽与湖泊沿岸地带,也到开阔的耕地和村屯附近活动

生态类群:猛禽类

地理区系:古北界

居留类型:冬候鸟

保护等级:国家二级重点保护野生动物

《IUCN 红色名录》:LC

《中国生物多样性红色名录》:NT

数据来源:第二次全国陆生野生动物资源调查;《浙江动物志》编辑委员会,1990b;丽水市野生动物编目调查;宋世和,2015;宋世和,2018

二十、雀形目 PASSERIFORMES

213. 仙八色鸫

仙八色鸫 *Pitta nympha* Temminck & Schlegel,1850

科:八色鸫科 Pittdae

栖息环境:平原至低山的次生阔叶林内

生态类群:鸣禽类

地理区系:东洋界

居留类型:夏候鸟

保护等级:国家二级重点保护野生动物

《IUCN 红色名录》:VU

《中国生物多样性红色名录》:VU

数据来源:《浙江动物志》编辑委员会,1990b;丽水市野生动物编目调查;宋世和,2018

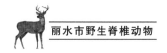

214. 黑枕黄鹂

黑枕黄鹂 *Oriolus chinensis* Linnaeus，1766

科：黄鹂科 Oriolidae

栖息环境：主要栖息于低山丘陵和山脚平原地带的天然次生阔叶林与针阔叶混交林、农田、原野、村寨附近、城市公园等

生态类群：鸣禽类

地理区系：东洋界

居留类型：夏候鸟

保护等级：浙江省重点保护野生动物

《IUCN 红色名录》：LC

《中国生物多样性红色名录》：LC

数据来源：《浙江动物志》编辑委员会，1990b；丽水市野生动物编目调查；龙泉市林业局，2009；《凤阳山志》编委会，2012；洪起平等，2007；宋世和，2015；宋世和，2018

215. 红翅鸥鹛

红翅鸥鹛 *Pteruthius aeralatus* Blyth，1855

科：莺雀科 Vireondiae

栖息环境：主要栖息于中高海拔的阔叶林和针阔叶混交林中

生态类群：鸣禽类

地理区系：东洋界

居留类型：留鸟

保护等级：浙江省一般保护野生动物

《IUCN 红色名录》：LC

《中国生物多样性红色名录》：LC

数据来源：丽水市野生动物编目调查；宋世和，2015；宋世和，2018

216. 淡绿鸥鹛

淡绿鸥鹛 *Pteruthius xanthochlorus* Gray，JE & Gray，GR，1847

科：莺雀科 Vireondiae

栖息环境：主要栖息于中高海拔的山地针阔叶混交林或针叶林中

生态类群：鸣禽类

地理区系：东洋界

居留类型：留鸟

保护等级：浙江省一般保护野生动物

《IUCN 红色名录》：LC

《中国生物多样性红色名录》：NT

数据来源：第二次全国陆生野生动物资源调查；《浙江动物志》编辑委员会，1990b；丽水市野生动物编目调查；宋世和，2015；宋世和，2018

217. 白腹凤鹛

白腹凤鹛 *Erpornis zantholeuca* Blyth，1844

科：莺雀科 Vireondiae

栖息环境：主要栖息于中低海拔山地森林中的河谷、溪流附近

生态类群：鸣禽类

地理区系：东洋界

居留类型：留鸟

保护等级：浙江省一般保护野生动物

《IUCN 红色名录》：LC

《中国生物多样性红色名录》：LC

数据来源：第二次全国陆生野生动物资源调查；宋世和，2015；宋世和，2018

218. 大鹃鵙

大鹃鵙 *Coracina macei*（Lesson，R，1831）

科：山椒鸟科 Campephagidae

栖息环境：主要栖息于山脚平原、低山地带的山地森林和林缘地带

生态类群：鸣禽类

地理区系：东洋界

居留类型:留鸟

保护等级:浙江省一般保护野生动物

《IUCN 红色名录》:LC

《中国生物多样性红色名录》:LC

数据来源:宋世和,2015;宋世和,2018

219.暗灰鹃鵙

暗灰鹃鵙 *Lalage melaschistos* (Hodgson,1836)

科:山椒鸟科 Campephagidae

栖息环境:主要栖息于中低海拔山地、平原、丘陵地区的开阔林地或林缘,也见于人工林、次生林等多种林型,活动于树冠层

生态类群:鸣禽类

地理区系:东洋界

居留类型:夏候鸟

保护等级:浙江省一般保护野生动物

《IUCN 红色名录》:LC

《中国生物多样性红色名录》:LC

数据来源:《浙江动物志》编辑委员会,1990b;丽水市野生动物编目调查;龙泉市林业局,2009;《凤阳山志》编委会,2012;洪起平等,2007;宋世和,2015;宋世和,2018

220.小灰山椒鸟

小灰山椒鸟 *Pericrocotus cantonensis* Swinhoe,1861

科:山椒鸟科 Campephagidae

栖息环境:主要栖息于低山丘陵和山脚平原地带的树林中,次生杂木林、阔叶林、针阔叶混交林或针叶林均栖息

生态类群:鸣禽类

地理区系:东洋界

居留类型:夏候鸟

保护等级:浙江省一般保护野生

动物

《IUCN 红色名录》:LC

《中国生物多样性红色名录》:LC

数据来源:丽水市野生动物编目调查;龙泉市林业局,2009;《凤阳山志》编委会,2012;洪起平等,2007;宋世和,2015;宋世和,2018

221.灰山椒鸟

灰山椒鸟 *Pericrocotus divaricatus* (Raffles,1822)

科:山椒鸟科 Campephagidae

栖息环境:主要栖息于落叶阔叶林和针阔叶混交林中,非繁殖期也出现在林缘、次生林、河岸林,甚至庭院、村落附近的疏林和高大树上

生态类群:鸣禽类

地理区系:古北界

居留类型:旅鸟

保护等级:浙江省一般保护野生动物

《IUCN 红色名录》:LC

《中国生物多样性红色名录》:LC

数据来源:《浙江动物志》编辑委员会,1990b;丽水市野生动物编目调查;龙泉市林业局,2009;《凤阳山志》编委会,2012;洪起平等,2007

222.赤红山椒鸟

赤红山椒鸟 *Pericrocotus speciosus* (Latham,1790)

科:山椒鸟科 Campephagidae

栖息环境:主要栖息于低山丘陵和山脚平原地区的次生阔叶林中,也见于针阔叶混交林、针叶林、稀树草坡和地边树丛

生态类群:鸣禽类

地理区系:东洋界

居留类型:夏候鸟

保护等级:浙江省一般保护野生

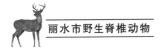

动物

《IUCN 红色名录》:LC

《中国生物多样性红色名录》:LC

数据来源:《浙江动物志》编辑委员会,1990b;丽水市野生动物编目调查;龙泉市林业局,2009;《凤阳山志》编委会,2012;洪起平等,2007

223. 灰喉山椒鸟

灰喉山椒鸟 *Pericrocotus solaris* Blyth,1846

科:山椒鸟科 Campephagidae

栖息环境:主要栖息于低山丘陵地带的杂木林和山地森林中,尤以低山阔叶林、针阔叶混交林常见,也出入于针叶林

生态类群:鸣禽类

地理区系:东洋界

居留类型:留鸟

保护等级:浙江省一般保护野生动物

《IUCN 红色名录》:LC

《中国生物多样性红色名录》:LC

数据来源:第二次全国陆生野生动物资源调查;《浙江动物志》编辑委员会,1990b;丽水市野生动物编目调查;龙泉市林业局,2009;《凤阳山志》编委会,2012;洪起平等,2007;宋世和,2015;宋世和,2018

224. 黑卷尾

黑卷尾 *Dicrurus macrocercus* Vieillot,1817

科:卷尾科 Dicruridae

栖息环境:主要栖息于城郊村庄附近和广大农村,多成对活动于低山山坡、平原丘陵地带阔叶林树上

生态类群:鸣禽类

地理区系:东洋界

居留类型:夏候鸟

保护等级:浙江省一般保护野生动物

《IUCN 红色名录》:LC

《中国生物多样性红色名录》:LC

数据来源:第二次全国陆生野生动物资源调查;《浙江动物志》编辑委员会,1990b;丽水市野生动物编目调查;宋世和,2015;宋世和,2018

225. 灰卷尾

灰卷尾 *Dicrurus leucophaeus* Vieillot,1817

科:卷尾科 Dicruridae

栖息环境:平原丘陵地带、村庄附近、河谷或山区

生态类群:鸣禽类

地理区系:东洋界

居留类型:夏候鸟

保护等级:浙江省一般保护野生动物

《IUCN 红色名录》:LC

《中国生物多样性红色名录》:LC

数据来源:丽水市野生动物编目调查;《浙江动物志》编辑委员会,1990b;宋世和,2015;宋世和,2018

226. 发冠卷尾

发冠卷尾 *Dicrurus hottentottus* (Linnaeus,1766)

科:卷尾科 Dicruridae

栖息环境:主要栖息于低山丘陵和山脚沟谷地带,多在常绿阔叶林、次生林或人工松树林中活动

生态类群:鸣禽类

地理区系:东洋界

居留类型:夏候鸟

保护等级:浙江省一般保护野生动物

《IUCN 红色名录》:LC

《中国生物多样性红色名录》:LC

数据来源:第二次全国陆生野生动物资源调查;《浙江动物志》编辑委员会,1990b;丽水市野生动物编目调查;龙泉市林业局,2009;《凤阳山志》编委会,2012;洪起平等,2007;宋世和,2015;宋世和,2018

227. 紫寿带

紫寿带 *Terpsiphone atrocaudata* (Eyton,1839)

科:王鹟科 Monarchidae

栖息环境:主要栖息于低山丘陵、山脚平原、河谷、溪流附近的阔叶林和次生阔叶林中,也出没于林缘、疏林和竹林

生态类群:鸣禽类

地理区系:东洋界

居留类型:旅鸟

保护等级:浙江省一般保护野生动物

《IUCN 红色名录》:NT

《中国生物多样性红色名录》:NT

数据来源:《浙江动物志》编辑委员会,1990b;宋世和,2015;宋世和,2018

228. 寿带

寿带 *Terpsiphone incei*(Gould,1852)

科:王鹟科 Monarchidae

栖息环境:主要栖息于低山、丘陵、平原的天然林、次生阔叶林和竹林中

生态类群:鸣禽类

地理区系:东洋界

居留类型:夏候鸟

保护等级:浙江省重点保护野生动物

《IUCN 红色名录》:LC

《中国生物多样性红色名录》:NT

数据来源:丽水市野生动物编目调查;《浙江动物志》编辑委员会,1990b;

宋世和,2015;宋世和,2018

229. 方尾鹟

方尾鹟 *Culicicapa ceylonensis* (Swainson,1820)

科:玉鹟科 Stenosttiridae

栖息环境:主要栖息于常绿和落叶阔叶林、针叶林、针阔叶混交林、山边林缘灌丛、竹林中,尤其喜欢山边、溪流、河谷沿岸的树林和灌丛

生态类群:鸣禽类

地理区系:广布

居留类型:迷鸟

保护等级:浙江省一般保护野生动物

《IUCN 红色名录》:LC

《中国生物多样性红色名录》:LC

数据来源:宋世和,2018

230. 虎纹伯劳

虎纹伯劳 *Lanius tigrinus* Drapiez,1828

科:伯劳科 Laniidae

栖息环境:主要栖息于低山丘陵和山脚平原地区的森林、林缘地带,尤以开阔的次生阔叶林、灌木林和林缘灌丛地带较常见

生态类群:鸣禽类

地理区系:古北界

居留类型:夏候鸟

保护等级:浙江省重点保护野生动物

《IUCN 红色名录》:LC

《中国生物多样性红色名录》:LC

数据来源:丽水市野生动物编目调查;第二次全国陆生野生动物资源调查;《浙江动物志》编辑委员会,1990b;宋世和,2015;宋世和,2018

231. 牛头伯劳

牛头伯劳 *Lanius bucephalus* Temminck

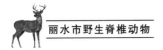

&. Schlegel,1845

科:伯劳科 Laniidae

栖息环境:主要栖息于低山丘陵和平原地带的疏林、林缘、灌丛草地,也出入于农田道边灌丛及河谷地带,有时见于果园和城镇公园

生态类群:鸣禽类

地理区系:古北界

居留类型:冬候鸟

保护等级:浙江省重点保护野生动物

《IUCN 红色名录》:LC

《中国生物多样性红色名录》:LC

数据来源:第二次全国陆生野生动物资源调查;《浙江动物志》编辑委员会,1990b;丽水市野生动物编目调查;宋世和,2015;宋世和,2018

232.红尾伯劳

红尾伯劳 Lanius cristatus Linnaeus,1758

科:伯劳科 Laniidae

栖息环境:主要栖息于低山丘陵和山脚平原地带的灌丛、疏林、林缘地带

生态类群:鸣禽类

地理区系:古北界

居留类型:夏候鸟

保护等级:浙江省重点保护野生动物

《IUCN 红色名录》:LC

《中国生物多样性红色名录》:LC

数据来源:《浙江动物志》编辑委员会,1990b;丽水市野生动物编目调查;龙泉市林业局,2009;洪起平等,2007;宋世和,2015;宋世和,2018

233.棕背伯劳

棕背伯劳 Lanius schach Linnaeus,1758

科:伯劳科 Laniidae

栖息环境:主要栖息于中山次生林、林缘及开阔田野上,也见于公园、农田、苗圃、果园等

生态类群:鸣禽类

地理区系:东洋界

居留类型:留鸟

保护等级:浙江省重点保护野生动物

《IUCN 红色名录》:LC

《中国生物多样性红色名录》:LC

数据来源:第二次全国陆生野生动物资源调查;《浙江动物志》编辑委员会,1990b;丽水市野生动物编目调查;宋世和,2015;宋世和,2018

234.楔尾伯劳

楔尾伯劳 Lanius sphenocercus Cabanis,1873

科:伯劳科 Laniidae

栖息环境:主要栖息于低山平原和丘陵地带的疏林、林缘、灌丛草地,也出现于农田地边和村屯附近

生态类群:鸣禽类

地理区系:古北界

居留类型:夏候鸟

保护等级:浙江省重点保护野生动物

《IUCN 红色名录》:LC

《中国生物多样性红色名录》:LC

数据来源:宋世和,2015;宋世和,2018

235.松鸦

松鸦 Garrulus glandarius(Linnaeus,1758)

科:鸦科 Corvidae

栖息环境:主要栖息于针叶林、针阔叶混交林、阔叶林等森林中,有时也到林缘疏林和天然次生林内,冬季偶尔可到林缘的耕地或路边活动觅食

生态类群:鸣禽类

地理区系:古北界

居留类型:留鸟

保护等级:浙江省一般保护野生动物

《IUCN 红色名录》:LC

《中国生物多样性红色名录》:LC

数据来源:第二次全国陆生野生动物资源调查;《浙江动物志》编辑委员会,1990b;丽水市野生动物编目调查;龙泉市林业局,2009;《凤阳山志》编委会,2012;洪起平等,2007;宋世和,2015;宋世和,2018

236. 红嘴蓝鹊

红嘴蓝鹊 *Urocissa erythroryncha* (Boddaert,1783)

科:鸦科 Corvidae

栖息环境:主要栖息于山区常绿阔叶林、针叶林、针阔叶混交林和次生林等各种不同类型的森林中,也见于竹林、林缘、疏林和村庄

生态类群:鸣禽类

地理区系:东洋界

居留类型:留鸟

保护等级:浙江省一般保护野生动物

《IUCN 红色名录》:LC

《中国生物多样性红色名录》:LC

数据来源:第二次全国陆生野生动物资源调查;《浙江动物志》编辑委员会,1990b;丽水市野生动物编目调查;龙泉市林业局,2009;《凤阳山志》编委会,2012;洪起平等,2007;宋世和,2015;宋世和,2018

237. 灰树鹊

灰树鹊 *Dendrocitta formosae* Swinhoe,1863

科:鸦科 Corvidae

栖息环境:主要栖息于山地阔叶林、针阔叶混交林和次生林,也见于林缘疏林和灌丛

生态类群:鸣禽类

地理区系:东洋界

居留类型:留鸟

保护等级:浙江省一般保护野生动物

《IUCN 红色名录》:LC

《中国生物多样性红色名录》:LC

数据来源:第二次全国陆生野生动物资源调查;《浙江动物志》编辑委员会,1990b;丽水市野生动物编目调查;龙泉市林业局,2009;《凤阳山志》编委会,2012;洪起平等,2007;宋世和,2015;宋世和,2018

238. 喜鹊

喜鹊 *Pica pica* (Linnaeus,1758)

科:鸦科 Corvidae

栖息环境:适应能力极强,见于森林、乡村至城市的多种生境,多营巢于高大乔木或建筑之上

生态类群:鸣禽类

地理区系:古北界

居留类型:留鸟

保护等级:浙江省一般保护野生动物

《IUCN 红色名录》:LC

《中国生物多样性红色名录》:LC

数据来源:第二次全国陆生野生动物资源调查;《浙江动物志》编辑委员会,1990b;丽水市野生动物编目调查;龙泉市林业局,2009;《凤阳山志》编委会,2012;洪起平等,2007;宋世和,2015;宋世和,2018

239. 秃鼻乌鸦

秃鼻乌鸦 *Corvus frugilegus* Linnaeus,1758

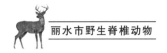

科：鸦科Corvidae

栖息环境：主要栖息于低山、丘陵和平原地区，以农田、河流和村庄附近较常见

生态类群：鸣禽类

地理区系：古北界

居留类型：留鸟

保护等级：浙江省一般保护野生动物

《IUCN红色名录》：LC

《中国生物多样性红色名录》：LC

数据来源：丽水市野生动物编目调查；龙泉市林业局，2009；《凤阳山志》编委会，2012；洪起平等，2007

240. 小嘴乌鸦

小嘴乌鸦 *Corvus corone* Linnaeus，1758

科：鸦科Corvidae

栖息环境：低山、丘陵、平原地带的疏林及林缘地带

生态类群：鸣禽类

地理区系：广布

居留类型：冬候鸟

保护等级：浙江省一般保护野生动物

《IUCN红色名录》：LC

《中国生物多样性红色名录》：LC

数据来源：《浙江动物志》编辑委员会，1990b；宋世和，2015；宋世和，2018

241. 大嘴乌鸦

大嘴乌鸦 *Corvus macrorhynchos* Wagler，1827

科：鸦科Corvidae

栖息环境：主要栖息于低山、平原和山地阔叶林、针阔叶混交林、针叶林、次生杂木林、人工林等各种森林类型中，尤以疏林和林缘地带较常见

生态类群：鸣禽类

地理区系：古北界

居留类型：留鸟

保护等级：浙江省一般保护野生动物

《IUCN红色名录》：LC

《中国生物多样性红色名录》：LC

数据来源：丽水市野生动物编目调查；《浙江动物志》编辑委员会，1990b；龙泉市林业局，2009；《凤阳山志》编委会，2012；洪起平等，2007

242. 白颈鸦

白颈鸦 *Corvus pectoralis*（Gould，1836）

科：鸦科Corvidae

栖息环境：平原、耕地、河滩、城镇及村庄

生态类群：鸣禽类

地理区系：东洋界

居留类型：留鸟

保护等级：浙江省一般保护野生动物

《IUCN红色名录》：NT

《中国生物多样性红色名录》：NT

数据来源：丽水市野生动物编目调查；《浙江动物志》编辑委员会，1990b；宋世和，2015；宋世和，2018

243. 煤山雀

煤山雀 *Periparus ater*（Linnaeus，1758）

科：山雀科Paridae

栖息环境：主要栖息于低山和山麓地带的次生阔叶林、阔叶林和针阔叶混交林中，冬季也到山麓脚下和邻近平原地带的小树丛、灌木丛活动

生态类群：鸣禽类

地理区系：东洋界

居留类型：留鸟

保护等级：浙江省一般保护野生

动物

《IUCN 红色名录》:LC

《中国生物多样性红色名录》:LC

数据来源:《浙江动物志》编辑委员会,1990b;丽水市野生动物编目调查;龙泉市林业局,2009;《凤阳山志》编委会,2012;洪起平等,2007;宋世和,2018

244.黄腹山雀

黄腹山雀 *Pardaliparus venustulus* (Swinhoe,1870)

科:山雀科 Paridae

栖息环境:主要栖息于山地各种林木中,冬季多下到低山和山脚平原地带的次生林、人工林、林缘疏林灌丛地带

生态类群:鸣禽类

地理区系:东洋界

居留类型:留鸟

保护等级:浙江省一般保护野生动物

《IUCN 红色名录》:LC

《中国生物多样性红色名录》:LC

数据来源:《浙江动物志》编辑委员会,1990b;丽水市野生动物编目调查;宋世和,2015;宋世和,2018

245.大山雀

大山雀 *Parus cinereus* Vieillot,1818

科:山雀科 Paridae

栖息环境:主要栖息于低山和山麓地带的次生阔叶林、阔叶林、针阔叶混交林中,也栖息于人工林和针叶林

生态类群:鸣禽类

地理区系:东洋界

居留类型:留鸟

保护等级:浙江省一般保护野生动物

《IUCN 红色名录》:NE

《中国生物多样性红色名录》:LC

数据来源:第二次全国陆生野生动

物资源调查;《浙江动物志》编辑委员会,1990b;丽水市野生动物编目调查;龙泉市林业局,2009;《凤阳山志》编委会,2012;洪起平等,2007;宋世和,2015;宋世和,2018

246.黄颊山雀

黄颊山雀 *Machlolophus spilonotus* (Bonaparte,1850)

科:山雀科 Paridae

栖息环境:低山常绿阔叶林、针阔叶混交林、针叶林、人工林和林缘灌丛等

生态类群:鸣禽类

地理区系:东洋界

居留类型:留鸟

保护等级:浙江省一般保护野生动物

《IUCN 红色名录》:LC

《中国生物多样性红色名录》:LC

数据来源:第二次全国陆生野生动物资源调查;《浙江动物志》编辑委员会,1990b;丽水市野生动物编目调查;龙泉市林业局,2009;《凤阳山志》编委会,2012;洪起平等,2007;宋世和,2018

247.冕雀

冕雀 *Melanochlora sultanea* (Hodgson,1837)

科:山雀科 Paridae

栖息环境:主要栖息于常绿阔叶林,也见于落叶阔叶林、次生林、竹林、灌丛

生态类群:鸣禽类

地理区系:东洋界

居留类型:留鸟

保护等级:浙江省一般保护野生动物

《IUCN 红色名录》:LC

《中国生物多样性红色名录》:DD

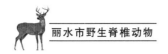

数据来源:宋世和,2018

248. 中华攀雀

中华攀雀 *Remiz consobrinus*(Swinhoe,1870)

科:攀雀科 Remizidae

栖息环境:主要栖息于开阔平原、半荒漠地区的疏林内,尤以临近河流、湖泊等水域的杨树林、榆树林和柳树林等阔叶林中较常见,迁徙期间也见于芦苇丛

生态类群:鸣禽类

地理区系:古北界

居留类型:冬候鸟

保护等级:浙江省一般保护野生动物

《IUCN 红色名录》:LC

《中国生物多样性红色名录》:LC

数据来源:宋世和,2015;宋世和,2018

249. 大短趾百灵

大短趾百灵 *Calandrella brachydactyla*(Leisler,1814)

科:百灵科 Alaudidae

栖息环境:栖息于开阔的干旱平原、荒漠、半荒漠地带,在有稀疏植物的矮小灌丛的干砂石平原和荒漠地带也较常见

生态类群:鸣禽类

地理区系:古北界

居留类型:冬候鸟

保护等级:浙江省一般保护野生动物

《IUCN 红色名录》:LC

《中国生物多样性红色名录》:LC

数据来源:宋世和,2015;宋世和,2018

250. 短趾百灵

短趾百灵 *Alaudala cheleensis* Swinhoe,1871

科:百灵科 Alaudidae

栖息环境:主要栖息于平原、草地和半荒漠地区,尤其喜欢水域附近的砂砾滩和草地

生态类群:鸣禽类

地理区系:古北界

居留类型:旅鸟

保护等级:浙江省一般保护野生动物

《IUCN 红色名录》:NE

《中国生物多样性红色名录》:LC

数据来源:宋世和,2015;宋世和,2018

251. 云雀

云雀 *Alauda arvensis* Linnaeus,1758

科:百灵科 Alaudidae

栖息环境:开阔的平原、草地、沼泽、农田等

生态类群:鸣禽类

地理区系:古北界

居留类型:冬候鸟

保护等级:国家二级重点保护野生动物

《IUCN 红色名录》:LC

《中国生物多样性红色名录》:LC

数据来源:《浙江动物志》编辑委员会,1990b;宋世和,2015;宋世和,2018

252. 小云雀

小云雀 *Alauda gulgula* Franklin,1831

科:百灵科 Alaudidae

栖息环境:多草的开阔地区

生态类群:鸣禽类

地理区系:东洋界

居留类型:留鸟

保护等级:浙江省一般保护野生动物

《IUCN 红色名录》:LC

《中国生物多样性红色名录》:LC

数据来源:《浙江动物志》编辑委员会,1990b;宋世和,2015;宋世和,2018

253. 棕扇尾莺

棕扇尾莺 *Cisticola juncidis*(Rafinesque,1810)

科:扇尾莺科 Cisticolidae

栖息环境:海拔 1000m 以下的灌丛、草丛、稻田中

生态类群:鸣禽类

地理区系:东洋界

居留类型:留鸟

保护等级:浙江省一般保护野生动物

《IUCN 红色名录》:LC

《中国生物多样性红色名录》:LC

数据来源:丽水市野生动物编目调查;第二次全国陆生野生动物资源调查;《浙江动物志》编辑委员会,1990b;宋世和,2015;宋世和,2018

254. 山鹪莺

山鹪莺 *Prinia crinigera* Hodgson,1836

科:扇尾莺科 Cisticolidae

栖息环境:灌丛与草丛中

生态类群:鸣禽类

地理区系:东洋界

居留类型:留鸟

保护等级:浙江省一般保护野生动物

《IUCN 红色名录》:LC

《中国生物多样性红色名录》:LC

数据来源:丽水市野生动物编目调查;《浙江动物志》编辑委员会,1990b;龙泉市林业局,2009;《凤阳山志》编委会,2012;洪起平等,2007;宋世和,2015;宋世和,2018

255. 黄腹山鹪莺

黄腹山鹪莺 *Prinia flaviventris*(Delessert,1840)

科:扇尾莺科 Cisticolidae

栖息环境:主要栖息于芦苇、沼泽、灌丛、草地等,也栖息于河流、湖泊、农田边的灌丛与草丛中

生态类群:鸣禽类

地理区系:东洋界

居留类型:留鸟

保护等级:浙江省一般保护野生动物

《IUCN 红色名录》:LC

《中国生物多样性红色名录》:LC

数据来源:第二次全国陆生野生动物资源调查;《浙江动物志》编辑委员会,1990b;宋世和,2015;宋世和,2018

256. 纯色山鹪莺

纯色山鹪莺 *Prinia inornata* Sykes,1832

科:扇尾莺科 Cisticolidae

栖息环境:海拔 1500m 以下的农田、果园、村庄附近的草地和灌丛中

生态类群:鸣禽类

地理区系:东洋界

居留类型:留鸟

保护等级:浙江省一般保护野生动物

《IUCN 红色名录》:LC

《中国生物多样性红色名录》:LC

数据来源:第二次全国陆生野生动物资源调查;《浙江动物志》编辑委员会,1990b;丽水市野生动物编目调查;龙泉市林业局,2009;《凤阳山志》编委会,2012;洪起平等,2007;宋世和,2015;宋世和,2018

257. 黑眉苇莺

黑眉苇莺 *Acrocephalus bistrigiceps*

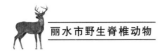

Swinhoe,1860

科:苇莺科 Acrocephalidae

栖息环境:主要栖息在低山和山脚平原地带的芦苇、灌丛、草丛中

生态类群:鸣禽类

地理区系:古北界

居留类型:夏候鸟

保护等级:浙江省一般保护野生动物

《IUCN 红色名录》:LC

《中国生物多样性红色名录》:LC

数据来源:宋世和,2015;宋世和,2018

258. 钝翅苇莺

钝翅苇莺 *Acrocephalus concinens* (Swinhoe,1870)

科:苇莺科 Acrocephalidae

栖息环境:主要栖息于低山、山脚平原地带的芦苇丛、灌丛、草丛中,也出没于山地高草生境

生态类群:鸣禽类

地理区系:广布

居留类型:夏候鸟

保护等级:浙江省一般保护野生动物

《IUCN 红色名录》:LC

《中国生物多样性红色名录》:LC

数据来源:宋世和,2018

259. 东方大苇莺

东方大苇莺 *Acrocephalus orientalis* (Temminck & Schlegel,1847)

科:苇莺科 Acrocephalidae

栖息环境:芦苇地、稻田、沼泽、湿草地

生态类群:鸣禽类

地理区系:古北界

居留类型:夏候鸟

保护等级:浙江省一般保护野生动物

《IUCN 红色名录》:LC

《中国生物多样性红色名录》:LC

数据来源:《浙江动物志》编辑委员会,1990b;丽水市野生动物编目调查;宋世和,2015;宋世和,2018

260. 厚嘴苇莺

厚嘴苇莺 *Arundinax aedon* (Pallas,1776)

科:苇莺科 Acrocephalidae

栖息环境:林地、灌丛及高草地

生态类群:鸣禽类

地理区系:古北界

居留类型:旅鸟

保护等级:浙江省一般保护野生动物

《IUCN 红色名录》:LC

《中国生物多样性红色名录》:LC

数据来源:宋世和,2018

261. 小鳞胸鹪鹛

小鳞胸鹪鹛 *Pnoepyga pusilla* Hodgson,1845

科:鳞胸鹪鹛科 Pnoepygidae

栖息环境:栖息于阴暗潮湿的森林中,生境中林下植被发达,多岩石和倒木

生态类群:鸣禽类

地理区系:东洋界

居留类型:留鸟

保护等级:浙江省一般保护野生动物

《IUCN 红色名录》:LC

《中国生物多样性红色名录》:LC

数据来源:《浙江动物志》编辑委员会,1990b;丽水市野生动物编目调查;宋世和,2018

262. 棕褐短翅蝗莺

棕褐短翅蝗莺 *Locustella luteoventris*

(Hodgson,1845)

科:蝗莺科 Locustellidae

栖息环境:中山至低山的灌丛和草丛中

生态类群:鸣禽类

地理区系:东洋界

居留类型:留鸟

保护等级:浙江省一般保护野生动物

《IUCN 红色名录》:LC

《中国生物多样性红色名录》:LC

数据来源:丽水市野生动物编目调查;宋世和,2018

263. 矛斑蝗莺

矛斑蝗莺 Locustella lanceolata (Temminck,1840)

科:蝗莺科 Locustellidae

栖息环境:主要栖息于低山和山脚地带的林缘疏林灌丛、草丛中,尤其喜欢在湖泊、沼泽、河流等水域岸边或邻近的芦苇塘、茂密的苇草间与灌丛间栖息

生态类群:鸣禽类

地理区系:古北界

居留类型:旅鸟

保护等级:浙江省一般保护野生动物

《IUCN 红色名录》:LC

《中国生物多样性红色名录》:NT

数据来源:丽水市野生动物编目调查;《浙江动物志》编辑委员会,1990b;宋世和,2015;宋世和,2018

264. 小蝗莺

小蝗莺 Locustella certhiola (Pallas, 1811)

科:蝗莺科 Locustellidae

栖息环境:主要栖息于湖泊、河流等水域附近的沼泽地带、低矮树木、灌丛、芦苇丛及草地,亦见于麦田

生态类群:鸣禽类

地理区系:古北界

居留类型:旅鸟

保护等级:浙江省一般保护野生动物

《IUCN 红色名录》:NE

《中国生物多样性红色名录》:LC

数据来源:宋世和,2018

265. 北蝗莺

北蝗莺 Locustella ochotensis (von Middendorff,1853)

科:蝗莺科 Locustellidae

栖息环境:主要栖息于低山丘陵和山脚平原的河谷两岸、沼泽湿地、芦苇岸边茂密的灌丛和高草丛中

生态类群:鸣禽类

地理区系:古北界

居留类型:旅鸟

保护等级:浙江省一般保护野生动物

《IUCN 红色名录》:NE

《中国生物多样性红色名录》:LC

数据来源:宋世和,2018

266. 高山短翅蝗莺

高山短翅蝗莺 Locustella mandelli (Brooks,WE,1875)

科:蝗莺科 Locustellidae

栖息环境:主要栖息于海拔 2500m 以下山地森林林缘灌丛、草丛中,尤以开阔林缘、疏林草坡和山边灌丛草地常见

生态类群:鸣禽类

地理区系:东洋界

居留类型:留鸟

保护等级:浙江省一般保护野生动物

《IUCN 红色名录》:LC

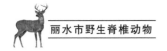
《中国生物多样性红色名录》:LC

数据来源:丽水市野生动物编目调查;龙泉市林业局,2009;《凤阳山志》编委会,2012;洪起平等,2007;宋世和,2018

267. 崖沙燕

崖沙燕 *Riparia riparia*(Linnaeus,1758)

科:燕科 Hirundinidae

栖息环境:喜栖息于湖泊、沼泽和江河的泥质沙滩或附近的土崖上,主要栖息于沟壑陡壁、山地岩石带

生态类群:鸣禽类

地理区系:古北界

居留类型:旅鸟

保护等级:浙江省一般保护野生动物

《IUCN 红色名录》:LC

《中国生物多样性红色名录》:LC

数据来源:丽水市野生动物编目调查

268. 淡色崖沙燕

淡色崖沙燕 *Riparia diluta*(Sharpe & Wyatt,1893)

科:燕科 Hirundinidae

栖息环境:成群栖息于河流、沼泽、湖泊岸边的沙滩、沙丘和砂质岩坡上

生态类群:鸣禽类

地理区系:广布

居留类型:留鸟

保护等级:浙江省一般保护野生动物

《IUCN 红色名录》:LC

《中国生物多样性红色名录》:LC

数据来源:《浙江动物志》编辑委员会,1990b;丽水市野生动物编目调查;宋世和,2018

269. 家燕

家燕 *Hirundo rustica* Linnaeus,1758

科:燕科 Hirundinidae

栖息环境:喜欢栖息在人类居住的环境,常成对或成群地栖息于村屯中的房顶、电线、附近的河滩和田野里

生态类群:鸣禽类

地理区系:东洋界

居留类型:夏候鸟

保护等级:浙江省一般保护野生动物

《IUCN 红色名录》:LC

《中国生物多样性红色名录》:LC

数据来源:第二次全国陆生野生动物资源调查;《浙江动物志》编辑委员会,1990b;丽水市野生动物编目调查;龙泉市林业局,2009;《凤阳山志》编委会,2012;洪起平等,2007;宋世和,2015;宋世和,2018

270. 金腰燕

金腰燕 *Cecropis daurica*(Laxmann,1769)

科:燕科 Hirundinidae

栖息环境:主要栖息于低山丘陵和平原地区的村庄、城镇等居民区

生态类群:鸣禽类

地理区系:东洋界

居留类型:夏候鸟

保护等级:浙江省一般保护野生动物

《IUCN 红色名录》:LC

《中国生物多样性红色名录》:LC

数据来源:第二次全国陆生野生动物资源调查;《浙江动物志》编辑委员会,1990b;丽水市野生动物编目调查;龙泉市林业局,2009;《凤阳山志》编委会,2012;洪起平等,2007;宋世和,2015;宋世和,2018

271. 烟腹毛脚燕

烟腹毛脚燕 *Delichon dasypus*

(Bonaparte,1850)

科:燕科 Hirundinidae

栖息环境:成群栖息于山地的悬崖峭壁处

生态类群:鸣禽类

地理区系:古北界

居留类型:留鸟

保护等级:浙江省一般保护野生动物

《IUCN 红色名录》:LC

《中国生物多样性红色名录》:LC

数据来源:第二次全国陆生野生动物资源调查;《浙江动物志》编辑委员会,1990b;丽水市野生动物编目调查;龙泉市林业局,2009;《凤阳山志》编委会,2012;洪起平等,2007;宋世和,2015;宋世和,2018

272.领雀嘴鹎

领雀嘴鹎 *Spizixos semitorques* Swinhoe,1861

科:鹎科 Pycnonntidae

栖息环境:主要栖息于低山丘陵和山脚平原地区的各种林地、灌丛

生态类群:鸣禽类

地理区系:东洋界

居留类型:留鸟

保护等级:浙江省一般保护野生动物

《IUCN 红色名录》:LC

《中国生物多样性红色名录》:LC

数据来源:第二次全国陆生野生动物资源调查;《浙江动物志》编辑委员会,1990b;丽水市野生动物编目调查;龙泉市林业局,2009;《凤阳山志》编委会,2012;洪起平等,2007;宋世和,2015;宋世和,2018

273.黄臀鹎

黄臀鹎 *Pycnonotus xanthorrhous*

Anderson,1869

科:鹎科 Pycnonntidae

栖息环境:中低山的各种林地、农田、灌丛中

生态类群:鸣禽类

地理区系:东洋界

居留类型:留鸟

保护等级:浙江省一般保护野生动物

《IUCN 红色名录》:LC

《中国生物多样性红色名录》:LC

数据来源:第二次全国陆生野生动物资源调查;《浙江动物志》编辑委员会,1990b;丽水市野生动物编目调查;宋世和,2015;宋世和,2018

274.白头鹎

白头鹎 *Pycnonotus sinensis*(Gmelin,JF,1789)

科:鹎科 Pycnonntidae

栖息环境:主要栖息于低海拔的各种林地、农田、灌丛中

生态类群:鸣禽类

地理区系:东洋界

居留类型:留鸟

保护等级:浙江省一般保护野生动物

《IUCN 红色名录》:LC

《中国生物多样性红色名录》:LC

数据来源:第二次全国陆生野生动物资源调查;《浙江动物志》编辑委员会,1990b;丽水市野生动物编目调查;龙泉市林业局,2009;《凤阳山志》编委会,2012;洪起平等,2007;宋世和,2015;宋世和,2018

275.栗背短脚鹎

栗背短脚鹎 *Hemixos castanonotus* Swinhoe,1870

科:鹎科 Pycnonntidae

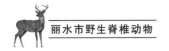

栖息环境:主要栖息于低山丘陵地区的次生阔叶林、林缘灌丛、稀树草坡灌丛及地边丛林等

生态类群:鸣禽类

地理区系:东洋界

居留类型:留鸟

保护等级:浙江省一般保护野生动物

《IUCN 红色名录》:LC

《中国生物多样性红色名录》:LC

数据来源:第二次全国陆生野生动物资源调查;《浙江动物志》编辑委员会,1990b;丽水市野生动物编目调查;龙泉市林业局,2009;洪起平等,2007;宋世和,2015;宋世和,2018

276. 绿翅短脚鹎

绿翅短脚鹎 *Ixos mcclellandii*（Horsfield,1840）

科:鹎科 Pycnonntidae

栖息环境:阔叶林、针阔叶混交林、次生林、林缘疏林、竹林、稀树灌丛和灌丛草地等

生态类群:鸣禽类

地理区系:东洋界

居留类型:留鸟

保护等级:浙江省一般保护野生动物

《IUCN 红色名录》:LC

《中国生物多样性红色名录》:LC

数据来源:第二次全国陆生野生动物资源调查;《浙江动物志》编辑委员会,1990b;丽水市野生动物编目调查;龙泉市林业局,2009;洪起平等,2007;宋世和,2015;宋世和,2018

277. 黑短脚鹎

黑短脚鹎 *Hypsipetes leucocephalus*（Gmelin,JF,1789）

科:鹎科 Pycnonntidae

栖息环境:主要栖息于次生林、阔叶林、常绿阔叶林、针阔叶混交林及其林缘地带,冬季有时也出现在疏林荒坡、路边或地头树上

生态类群:鸣禽类

地理区系:东洋界

居留类型:留鸟

保护等级:浙江省一般保护野生动物

《IUCN 红色名录》:LC

《中国生物多样性红色名录》:LC

数据来源:第二次全国陆生野生动物资源调查;《浙江动物志》编辑委员会,1990b;丽水市野生动物编目调查;龙泉市林业局,2009;《凤阳山志》编委会,2012;洪起平等,2007;宋世和,2015;宋世和,2018

278. 褐柳莺

褐柳莺 *Phylloscopus fuscatus*（Blyth,1842）

科:柳莺科 Phylloscopidae

栖息环境:平原到高山的灌丛地带,稀疏而开阔的阔叶林、针阔叶混交林、针叶林林缘,溪流沿岸的疏林与灌丛

生态类群:鸣禽类

地理区系:古北界

居留类型:旅鸟

保护等级:浙江省一般保护野生动物

《IUCN 红色名录》:LC

《中国生物多样性红色名录》:LC

数据来源:第二次全国陆生野生动物资源调查;《浙江动物志》编辑委员会,1990b;丽水市野生动物编目调查;龙泉市林业局,2009;《凤阳山志》编委会,2012;洪起平等,2007;宋世和,2015;宋世和,2018

279. 棕腹柳莺

棕腹柳莺 *Phylloscopus subaffinis* Ogilvie-Grant, 1900

科：柳莺科 Phylloscopidae

栖息环境：主要栖息于阔叶林、针叶林林缘的灌丛中，亦见于低山丘陵和山脚的针叶林、阔叶疏林和灌丛草甸

生态类群：鸣禽类

地理区系：东洋界

居留类型：夏候鸟

保护等级：浙江省一般保护野生动物

《IUCN 红色名录》：LC

《中国生物多样性红色名录》：LC

数据来源：龙泉市林业局，2009；《凤阳山志》编委会，2012；洪起平等，2007；宋世和，2018

280. 巨嘴柳莺

巨嘴柳莺 *Phylloscopus schwarzi* (Radde, 1863)

科：柳莺科 Phylloscopidae

栖息环境：海拔 1500m 以下乔木阔叶林林下灌丛、矮树枝上或林缘草地

生态类群：鸣禽类

地理区系：古北界

居留类型：旅鸟

保护等级：浙江省一般保护野生动物

《IUCN 红色名录》：LC

《中国生物多样性红色名录》：LC

数据来源：宋世和，2018

281. 黄腰柳莺

黄腰柳莺 *Phylloscopus proregulus* (Pallas, 1811)

科：柳莺科 Phylloscopidae

栖息环境：繁殖于高山森林中，迁徙越冬期在低山次生林、城市绿化带、公园、果园等地活动

生态类群：鸣禽类

地理区系：古北界

居留类型：冬候鸟

保护等级：浙江省一般保护野生动物

《IUCN 红色名录》：LC

《中国生物多样性红色名录》：LC

数据来源：第二次全国陆生野生动物资源调查；《浙江动物志》编辑委员会，1990b；丽水市野生动物编目调查；龙泉市林业局，2009；《凤阳山志》编委会，2012；洪起平等，2007；宋世和，2015；宋世和，2018

282. 黄眉柳莺

黄眉柳莺 *Phylloscopus inornatus* (Blyth, 1842)

科：柳莺科 Phylloscopidae

栖息环境：繁殖于高海拔的阔叶林或针叶林中，迁徙期见于各类生境，常于阔叶林及灌丛越冬

生态类群：鸣禽类

地理区系：古北界

居留类型：冬候鸟

保护等级：浙江省一般保护野生动物

《IUCN 红色名录》：LC

《中国生物多样性红色名录》：LC

数据来源：丽水市野生动物编目调查；第二次全国陆生野生动物资源调查；《浙江动物志》编辑委员会，1990b；丽水市野生动物编目调查；龙泉市林业局，2009；《凤阳山志》编委会，2012；洪起平等，2007；宋世和，2015；宋世和，2018

283. 极北柳莺

极北柳莺 *Phylloscopus borealis* (Blasius, JH, 1858)

科：柳莺科 Phylloscopidae

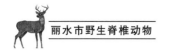

栖息环境:繁殖于潮湿的针叶林、针阔叶混交林及林缘灌丛中,栖息在各种林地生境

生态类群:鸣禽类

地理区系:古北界

居留类型:冬候鸟

保护等级:浙江省一般保护野生动物

《IUCN 红色名录》:LC

《中国生物多样性红色名录》:LC

数据来源:丽水市野生动物编目调查;《浙江动物志》编辑委员会,1990b;宋世和,2015;宋世和,2018

284. 淡脚柳莺

淡脚柳莺 *Phylloscopus tenellipes* Swinhoe,1860

科:柳莺科 Phylloscopidae

栖息环境:主要栖息于中低海拔的山地针叶林和针阔叶混交林中,迁徙季节活动在林缘、次生林以及灌丛中

生态类群:鸣禽类

地理区系:古北界

居留类型:旅鸟

保护等级:浙江省一般保护野生动物

《IUCN 红色名录》:LC

《中国生物多样性红色名录》:LC

数据来源:丽水市野生动物编目调查;《浙江动物志》编辑委员会,1990b;宋世和,2015;宋世和,2018

285. 冕柳莺

冕柳莺 *Phylloscopus coronatus* (Temminck & Schlegel,1847)

科:柳莺科 Phylloscopidae

栖息环境:繁殖于低海拔的阔叶林、针阔叶混交林、针叶林里,迁徙时喜阔叶林

生态类群:鸣禽类

地理区系:东洋界

居留类型:旅鸟

保护等级:浙江省一般保护野生动物

《IUCN 红色名录》:LC

《中国生物多样性红色名录》:LC

数据来源:《浙江动物志》编辑委员会,1990b;丽水市野生动物编目调查;宋世和,2015;宋世和,2018

286. 华南冠纹柳莺

华南冠纹柳莺 *Phylloscopus goodsoni* Hartert,1910

科:柳莺科 Phylloscopidae

栖息环境:栖息于针叶林、针阔叶混交林、常绿阔叶林和林缘灌丛地带,秋冬季节下移到低山或山脚平原地带

生态类群:鸣禽类

地理区系:东洋界

居留类型:留鸟

保护等级:浙江省一般保护野生动物

《IUCN 红色名录》:LC

《中国生物多样性红色名录》:LC

数据来源:《浙江动物志》编辑委员会,1990b;丽水市野生动物编目调查;龙泉市林业局,2009;《凤阳山志》编委会,2012;洪起平等,2007;宋世和,2015;宋世和,2018

287. 黑眉柳莺

黑眉柳莺 *Phylloscopus ricketti* (Slater,1897)

科:柳莺科 Phylloscopidae

栖息环境:主要栖息于低山山地阔叶林和次生林中,也栖息于针阔叶混交林、针叶林、林缘灌丛和果园

生态类群:鸣禽类

地理区系:东洋界

居留类型:夏候鸟

保护等级:浙江省一般保护野生动物

《IUCN 红色名录》:LC

《中国生物多样性红色名录》:LC

数据来源:《浙江动物志》编辑委员会,1990b;丽水市野生动物编目调查;宋世和,2015;宋世和,2018

288. 比氏鹟莺

比氏鹟莺 *Seicercus valentini*(Hartert,1907)

科:柳莺科 Phylloscopidae

栖息环境:繁殖期间主要栖息于山地常绿或落叶阔叶林、针阔叶混交林和针叶林,冬季多下到低山和山脚的次生阔叶林、林缘疏林和灌丛中

生态类群:鸣禽类

地理区系:东洋界

居留类型:夏候鸟

保护等级:浙江省一般保护野生动物

《IUCN 红色名录》:NE

《中国生物多样性红色名录》:LC

数据来源:《浙江动物志》编辑委员会,1990b;宋世和,2015;宋世和,2018

289. 白眶鹟莺

白眶鹟莺 *Seicercus affinis* Horsfield et Moore,1846

科:柳莺科 Phylloscopidae

栖息环境:繁殖于海拔高至 2500m 的竹林中,冬季迁徙至较低海拔的各类森林及林缘地带

生态类群:鸣禽类

地理区系:东洋界

居留类型:夏候鸟

保护等级:浙江省一般保护野生动物

《IUCN 红色名录》:NE

《中国生物多样性红色名录》:LC

数据来源:丽水市野生动物编目调查;龙泉市林业局,2009;《凤阳山志》编委会,2012;洪起平等,2007;宋世和,2018

290. 栗头鹟莺

栗头鹟莺 *Seicercus castaniceps*(Hodgson,1845)

科:柳莺科 Phylloscopidae

栖息环境:主要栖息于高海拔的常绿阔叶林

生态类群:鸣禽类

地理区系:东洋界

居留类型:夏候鸟

保护等级:浙江省一般保护野生动物

《IUCN 红色名录》:NE

《中国生物多样性红色名录》:LC

数据来源:第二次全国陆生野生动物资源调查;《浙江动物志》编辑委员会,1990b;丽水市野生动物编目调查;龙泉市林业局,2009;《凤阳山志》编委会,2012;洪起平等,2007;宋世和,2015;宋世和,2018

291. 鳞头树莺

鳞头树莺 *Urosphena squameiceps*(Swinhoe,1863)

科:树莺科 Cettiidae

栖息环境:主要栖息于阔叶林、针阔叶混交林中,尤其喜欢栖息于溪流两岸的原始混交林中

生态类群:鸣禽类

地理区系:古北界

居留类型:旅鸟

保护等级:浙江省一般保护野生动物

《IUCN 红色名录》:LC

《中国生物多样性红色名录》:LC

数据来源:宋世和,2015;宋世

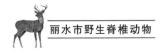

丽水市野生脊椎动物

和,2018

292. 远东树莺

远东树莺 *Horornis canturians* (Swinhoe,1860)

科:树莺科 Cettiidae

栖息环境:海拔 1100m 以下的低山丘陵和山脚平原地带的疏林、次生林、灌丛

生态类群:鸣禽类

地理区系:东洋界

居留类型:冬候鸟

保护等级:浙江省一般保护野生动物

《IUCN 红色名录》:LC

《中国生物多样性红色名录》:LC

数据来源:丽水市野生动物编目调查;龙泉市林业局,2009;《凤阳山志》编委会,2012;洪起平等,2007;宋世和,2015;宋世和,2018

293. 强脚树莺

强脚树莺 *Horornis fortipes* Hodgson,1845

科:树莺科 Cettiidae

栖息环境:主要栖息于海拔 1600～2400m 阔叶林树丛和灌丛间,冬季也出没于山脚和平原地带的果园、茶园、农耕地及村舍竹丛或灌丛中

生态类群:鸣禽类

地理区系:东洋界

居留类型:留鸟

保护等级:浙江省一般保护野生动物

《IUCN 红色名录》:LC

《中国生物多样性红色名录》:LC

数据来源:第二次全国陆生野生动物资源调查;《浙江动物志》编辑委员会,1990b;丽水市野生动物编目调查;宋世和,2015;宋世和,2018

294. 短翅树莺

短翅树莺 *Horornis diphone*(Kittlitz,1830)

科:树莺科 Cettiidae

栖息环境:主要栖息于海拔 1500m 以下稀疏的阔叶林和灌丛中,尤其喜欢林缘道旁次生杨树、桦树幼林和灌丛

生态类群:鸣禽类

地理区系:古北界

居留类型:旅鸟

保护等级:浙江省一般保护野生动物

《IUCN 红色名录》:LC

《中国生物多样性红色名录》:LC

数据来源:《浙江动物志》编辑委员会,1990b;丽水市野生动物编目调查

295. 棕脸鹟莺

棕脸鹟莺 *Abroscopus albogularis* (Moore,F,1854)

科:树莺科 Cettiidae

栖息环境:主要栖息于常绿林及竹林密丛

生态类群:鸣禽类

地理区系:东洋界

居留类型:留鸟

保护等级:浙江省一般保护野生动物

《IUCN 红色名录》:LC

《中国生物多样性红色名录》:LC

数据来源:第二次全国陆生野生动物资源调查;《浙江动物志》编辑委员会,1990b;丽水市野生动物编目调查;龙泉市林业局,2009;《凤阳山志》编委会,2012;洪起平等,2007;宋世和,2015;宋世和,2018

296. 银喉长尾山雀

银喉长尾山雀 *Aegithalos glaucogularis* (Gould,1855)

科:长尾山雀科 Aegithalidae

栖息环境:主要栖息于山地针叶林、针阔叶混交林、湿地灌丛等

生态类群:鸣禽类

地理区系:古北界

居留类型:留鸟

保护等级:浙江省一般保护野生动物

《IUCN 红色名录》:LC

《中国生物多样性红色名录》:LC

数据来源:丽水市野生动物编目调查;宋世和,2015;宋世和,2018

297. 红头长尾山雀

红头长尾山雀 *Aegithalos concinnus* (Gould,1855)

科:长尾山雀科 Aegithalidae

栖息环境:主要栖息于山地森林和灌木林间,也见于果园、茶园等人类居住地附近的小林内

生态类群:鸣禽类

地理区系:东洋界

居留类型:留鸟

保护等级:浙江省一般保护野生动物

《IUCN 红色名录》:LC

《中国生物多样性红色名录》:LC

数据来源:第二次全国陆生野生动物资源调查;《浙江动物志》编辑委员会,1990b;丽水市野生动物编目调查;龙泉市林业局,2009;《凤阳山志》编委会,2012;洪起平等,2007;宋世和,2015;宋世和,2018

298. 灰头鸦雀

灰头鸦雀 *Psittiparus gularis* (Gray, GR,1845)

科:莺鹛科 Sylviidae

栖息环境:主要栖息于山地常绿阔叶林、次生林、竹林和林缘灌丛中

生态类群:鸣禽类

地理区系:东洋界

居留类型:留鸟

保护等级:浙江省一般保护野生动物

《IUCN 红色名录》:LC

《中国生物多样性红色名录》:LC

数据来源:第二次全国陆生野生动物资源调查;《浙江动物志》编辑委员会,1990b;丽水市野生动物编目调查;龙泉市林业局,2009;《凤阳山志》编委会,2012;洪起平等,2007;宋世和,2015;宋世和,2018

299. 棕头鸦雀

棕头鸦雀 *Sinosuthora webbiana* (Gould,1852)

科:莺鹛科 Sylviidae

栖息环境:主要栖息于中低山阔叶林和针阔叶混交林林缘灌丛地带,也栖息于疏林草坡、竹丛、矮树丛和高草丛中

生态类群:鸣禽类

地理区系:东洋界

居留类型:留鸟

保护等级:浙江省一般保护野生动物

《IUCN 红色名录》:LC

《中国生物多样性红色名录》:LC

数据来源:第二次全国陆生野生动物资源调查;《浙江动物志》编辑委员会,1990b;丽水市野生动物编目调查;龙泉市林业局,2009;《凤阳山志》编委会,2012;洪起平等,2007;宋世和,2015;宋世和,2018

300. 短尾鸦雀

短尾鸦雀 *Neosuthora davidiana* (Slater,1897)

科:莺鹛科 Sylviidae

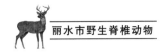

栖息环境:中低海拔山地的常绿阔叶林和竹林中

生态类群:鸣禽类

地理区系:东洋界

居留类型:留鸟

保护等级:国家二级重点保护野生动物

《IUCN 红色名录》:LC

《中国生物多样性红色名录》:NT

数据来源:丽水市野生动物编目调查;宋世和,2018

301.暗绿绣眼鸟

暗绿绣眼鸟 *Zosterops japonicus* Temminck & Schlegel,1845

科:绣眼鸟科 Zosteropidae

栖息环境:主要栖息于阔叶林和以阔叶树为主的针阔叶混交林、竹林、次生林等各种类型森林中

生态类群:鸣禽类

地理区系:东洋界

居留类型:留鸟

保护等级:浙江省一般保护野生动物

《IUCN 红色名录》:LC

《中国生物多样性红色名录》:LC

数据来源:第二次全国陆生野生动物资源调查;《浙江动物志》编辑委员会,1990b;丽水市野生动物编目调查;龙泉市林业局,2009;《凤阳山志》编委会,2012;洪起平等,2007;宋世和,2015;宋世和,2018

302.栗耳凤鹛

栗耳凤鹛 *Yuhina castaniceps* (Moore,F,1854)

科:绣眼鸟科 Zosteropidae

栖息环境:主要栖息于海拔 1500m 以下的沟谷雨林、常绿阔叶林和针阔叶混交林中

生态类群:鸣禽类

地理区系:东洋界

居留类型:留鸟

保护等级:浙江省一般保护野生动物

《IUCN 红色名录》:LC

《中国生物多样性红色名录》:LC

数据来源:第二次全国陆生野生动物资源调查;《浙江动物志》编辑委员会,1990b;丽水市野生动物编目调查;龙泉市林业局,2009;《凤阳山志》编委会,2012;洪起平等,2007;宋世和,2015;宋世和,2018

303.黑颏凤鹛

黑颏凤鹛 *Yuhina nigrimenta* Blyth,1845

科:绣眼鸟科 Zosteropidae

栖息环境:主要栖息于中低海拔山地的常绿阔叶林、针阔叶混交林,也见于次生林、果园、公园和田边灌丛

生态类群:鸣禽类

地理区系:东洋界

居留类型:留鸟

保护等级:浙江省一般保护野生动物

《IUCN 红色名录》:LC

《中国生物多样性红色名录》:LC

数据来源:丽水市野生动物编目调查;龙泉市林业局,2009;《凤阳山志》编委会,2012;洪起平等,2007;宋世和,2018

304.华南斑胸钩嘴鹛

华南斑胸钩嘴鹛 *Erythrogenys swinhoei* David,1874

科:林鹛科 Timaliidae

栖息环境:主要栖息于中低海拔山地森林中,也见于丘陵灌丛、草丛和园林中

生态类群:鸣禽类

地理区系:东洋界

居留类型:留鸟

保护等级:浙江省一般保护野生动物

《IUCN 红色名录》:LC

《中国生物多样性红色名录》:LC

数据来源:《浙江动物志》编辑委员会,1990b;丽水市野生动物编目调查;宋世和,2015;宋世和,2018

305. 棕颈钩嘴鹛

棕颈钩嘴鹛 *Pomatorhinus ruficollis* Hodgson,1836

科:林鹛科 Timaliidae

栖息环境:低山和山脚平原地带的阔叶林、次生林、竹林、林缘灌丛中

生态类群:鸣禽类

地理区系:东洋界

居留类型:留鸟

保护等级:浙江省一般保护野生动物

《IUCN 红色名录》:LC

《中国生物多样性红色名录》:LC

数据来源:第二次全国陆生野生动物资源调查;《浙江动物志》编辑委员会,1990b;丽水市野生动物编目调查;龙泉市林业局,2009;《凤阳山志》编委会,2012;洪起平等,2007;宋世和,2015;宋世和,2018

306. 红头穗鹛

红头穗鹛 *Cyanoderma ruficeps* (Blyth,1874)

科:林鹛科 Timaliidae

栖息环境:主要栖息于中低海拔山地常绿阔叶林、灌丛、林缘和竹林,也见于苗圃、公园和小区绿地

生态类群:鸣禽类

地理区系:东洋界

居留类型:留鸟

保护等级:浙江省一般保护野生动物

《IUCN 红色名录》:NE

《中国生物多样性红色名录》:LC

数据来源:第二次全国陆生野生动物资源调查;《浙江动物志》编辑委员会,1990b;丽水市野生动物编目调查;龙泉市林业局,2009;《凤阳山志》编委会,2012;洪起平等,2007;宋世和,2015;宋世和,2018

307. 灰眶雀鹛

灰眶雀鹛 *Alcippe morrisonia* Swinhoe,1863

科:幽鹛科 Pellorneidae

栖息环境:主要栖息于山地和山脚平原地带的森林、灌丛中

生态类群:鸣禽类

地理区系:东洋界

居留类型:留鸟

保护等级:浙江省一般保护野生动物

《IUCN 红色名录》:LC

《中国生物多样性红色名录》:LC

数据来源:第二次全国陆生野生动物资源调查;《浙江动物志》编辑委员会,1990b;丽水市野生动物编目调查;龙泉市林业局,2009;《凤阳山志》编委会,2012;洪起平等,2007;宋世和,2015;宋世和,2018

308. 褐顶雀鹛

褐顶雀鹛 *Alcippe brunnea* Gould,1863

科:幽鹛科 Pellorneidae

栖息环境:常绿林及落叶林的灌丛层

生态类群:鸣禽类

地理区系:东洋界

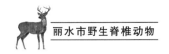

居留类型:留鸟

保护等级:浙江省一般保护野生动物

《IUCN 红色名录》:LC

《中国生物多样性红色名录》:LC

数据来源:丽水市野生动物编目调查;第二次全国陆生野生动物资源调查;龙泉市林业局,2009;《凤阳山志》编委会,2012;洪起平等,2007;宋世和,2015;宋世和,2018

309. 黑脸噪鹛

黑脸噪鹛 *Garrulax perspicillatus*(Gmelin,1789)

科:噪鹛科 Leiothrichidae

栖息环境:主要栖息于平原和低山丘陵地带的灌丛、竹丛,农田地边,村寨附近的疏林和灌丛内

生态类群:鸣禽类

地理区系:东洋界

居留类型:留鸟

保护等级:浙江省一般保护野生动物

《IUCN 红色名录》:LC

《中国生物多样性红色名录》:LC

数据来源:第二次全国陆生野生动物资源调查;《浙江动物志》编辑委员会,1990b;丽水市野生动物编目调查;龙泉市林业局,2009;《凤阳山志》编委会,2012;洪起平等,2007;宋世和,2015;宋世和,2018

310. 小黑领噪鹛

小黑领噪鹛 *Garrulax monileger*(Hodgson,1836)

科:噪鹛科 Leiothrichidae

栖息环境:主要栖息于中低海拔山地的阔叶林、林下灌丛和竹林中

生态类群:鸣禽类

地理区系:东洋界

居留类型:留鸟

保护等级:浙江省一般保护野生动物

《IUCN 红色名录》:LC

《中国生物多样性红色名录》:LC

数据来源:《浙江动物志》编辑委员会,1990b;丽水市野生动物编目调查;龙泉市林业局,2009;《凤阳山志》编委会,2012;洪起平等,2007;宋世和,2015;宋世和,2018

311. 黑领噪鹛

黑领噪鹛 *Garrulax pectoralis*(Gould,1836)

科:噪鹛科 Leiothrichidae

栖息环境:主要栖息于中低海拔山地的常绿阔叶林的林下灌丛和竹林中

生态类群:鸣禽类

地理区系:东洋界

居留类型:留鸟

保护等级:浙江省一般保护野生动物

《IUCN 红色名录》:LC

《中国生物多样性红色名录》:LC

数据来源:《浙江动物志》编辑委员会,1990b;丽水市野生动物编目调查;龙泉市林业局,2009;《凤阳山志》编委会,2012;洪起平等,2007;宋世和,2015;宋世和,2018

312. 灰翅噪鹛

灰翅噪鹛 *Garrulax cineraceus*(Godwin-Austen,1874)

科:噪鹛科 Leiothrichidae

栖息环境:主要栖息于中低海拔山地的常绿阔叶林、针阔叶混交林、竹林及林缘灌丛

生态类群:鸣禽类

地理区系:东洋界

居留类型:留鸟

保护等级：浙江省一般保护野生动物

《IUCN 红色名录》：LC

《中国生物多样性红色名录》：LC

数据来源：丽水市野生动物编目调查；第二次全国陆生野生动物资源调查；《浙江动物志》编辑委员会，1990b；宋世和，2015；宋世和，2018

313. 棕噪鹛

棕噪鹛 *Garrulax poecilorhynchus* Oustalet, 1876

科：噪鹛科 Leiothrichidae

栖息环境：主要栖息于山地常绿阔叶林中，尤以林下植物发达、阴暗、潮湿和长满苔藓的岩石地区较常见

生态类群：鸣禽类

地理区系：东洋界

居留类型：留鸟

保护等级：国家二级重点保护野生动物

《IUCN 红色名录》：NE

《中国生物多样性红色名录》：LC

数据来源：丽水市野生动物编目调查

314. 画眉

画眉 *Garrulax canorus*（Linnaeus, 1758）

科：噪鹛科 Leiothrichidae

栖息环境：主要栖息于低山、丘陵、山脚平原地带的矮树丛和灌木丛中，也栖息于林缘、农田、旷野、村落和城镇附近

生态类群：鸣禽类

地理区系：东洋界

居留类型：留鸟

保护等级：国家二级重点保护野生动物

《IUCN 红色名录》：LC

《中国生物多样性红色名录》：NT

数据来源：第二次全国陆生野生动物资源调查；《浙江动物志》编辑委员会，1990b；丽水市野生动物编目调查；龙泉市林业局，2009；《凤阳山志》编委会，2012；洪起平等，2007；宋世和，2018

315. 白颊噪鹛

白颊噪鹛 *Garrulax sannion* Swinhoe, 1867

科：噪鹛科 Leiothrichidae

栖息环境：主要栖息于低山丘陵、山脚平原等地的矮树灌丛和竹丛中，也栖息于林缘、溪谷、农田、村庄附近的灌丛、芦苇丛和稀树草地

生态类群：鸣禽类

地理区系：东洋界

居留类型：留鸟

保护等级：浙江省一般保护野生动物

《IUCN 红色名录》：NE

《中国生物多样性红色名录》：LC

数据来源：丽水市野生动物编目调查；第二次全国陆生野生动物资源调查；《浙江动物志》编辑委员会，1990b；宋世和，2015；宋世和，2018

316. 红嘴相思鸟

红嘴相思鸟 *Leiothrix lutea*（Scopoli, 1786）

科：噪鹛科 Leiothrichidae

栖息环境：主要栖息于阔叶林、针阔叶混交林、竹林和林缘疏林灌丛地带，冬季多下到低山、平原与河谷地带

生态类群：鸣禽类

地理区系：东洋界

居留类型：留鸟

保护等级：国家二级重点保护野生动物

《IUCN 红色名录》：LC

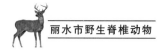

《中国生物多样性红色名录》:LC

数据来源:第二次全国陆生野生动物资源调查;《浙江动物志》编辑委员会,1990b;丽水市野生动物编目调查;龙泉市林业局,2009;《凤阳山志》编委会,2012;洪起平等,2007;宋世和,2015;宋世和,2018

317. 普通䴓

普通䴓 *Sitta europaea* Linnaeus,1758

科:䴓科 Sittidae

栖息环境:中低海拔山地或高纬度的阔叶林、针阔叶混交林、针叶林

生态类群:鸣禽类

地理区系:古北界

居留类型:留鸟

保护等级:浙江省重点保护野生动物

《IUCN 红色名录》:LC

《中国生物多样性红色名录》:LC

数据来源:《浙江动物志》编辑委员会,1990b

318. 鹪鹩

鹪鹩 *Troglodytes troglodytes*(Linnaeus,1758)

科:鹪鹩科 Troglodytidae

栖息环境:主要栖息于森林、沟谷和阴湿的林下,也见于阔叶林、针阔叶混交林、针叶林等

生态类群:鸣禽类

地理区系:古北界

居留类型:冬候鸟

保护等级:浙江省一般保护野生动物

《IUCN 红色名录》:LC

《中国生物多样性红色名录》:LC

数据来源:宋世和,2015;宋世和,2018

319. 褐河乌

褐河乌 *Cinclus pallasii* Temminck,1820

科:河乌科 Cinclidae

栖息环境:主要栖息于海拔 300～2500m 的湍急溪流中

生态类群:鸣禽类

地理区系:东洋界

居留类型:留鸟

保护等级:浙江省一般保护野生动物

《IUCN 红色名录》:LC

《中国生物多样性红色名录》:LC

数据来源:第二次全国陆生野生动物资源调查;《浙江动物志》编辑委员会,1990b;丽水市野生动物编目调查;龙泉市林业局,2009;《凤阳山志》编委会,2012;洪起平等,2007;宋世和,2015;宋世和,2018

320. 八哥

八哥 *Acridotheres cristatellus*(Linnaeus,1758)

科:椋鸟科 Sturnidae

栖息环境:主要栖息于低山丘陵和山脚平原地带的次生阔叶林、竹林、林缘疏林中,也栖息于农田、牧场、果园和村寨附近

生态类群:鸣禽类

地理区系:东洋界

居留类型:留鸟

保护等级:浙江省一般保护野生动物

《IUCN 红色名录》:LC

《中国生物多样性红色名录》:LC

数据来源:第二次全国陆生野生动物资源调查;《浙江动物志》编辑委员会,1990b;丽水市野生动物编目调查;宋世和,2015;宋世和,2018

321. 黑领椋鸟

黑领椋鸟 *Gracupica nigricollis*

(Paykull,1807)

科:椋鸟科 Sturnidae

栖息环境:主要栖息于山脚平原、草地、农田、灌丛、荒地、草坡等开阔地带

生态类群:鸣禽类

地理区系:古北界

居留类型:留鸟

保护等级:浙江省一般保护野生动物

《IUCN 红色名录》:LC

《中国生物多样性红色名录》:LC

数据来源:丽水市野生动物编目调查;第二次全国陆生野生动物资源调查;宋世和,2015;宋世和,2018

322.北椋鸟

北椋鸟 *Agropsar sturninus* (Pallas, 1776)

科:椋鸟科 Sturnidae

栖息环境:主要栖息于低山丘陵和开阔平原地带的疏林草甸、河谷阔叶林,以及散生老林树的林缘灌丛、次生阔叶林、农田等生境

生态类群:鸣禽类

地理区系:古北界

居留类型:旅鸟

保护等级:浙江省一般保护野生动物

《IUCN 红色名录》:LC

《中国生物多样性红色名录》:LC

数据来源:《浙江动物志》编辑委员会,1990b;宋世和,2015;宋世和,2018

323.紫背椋鸟

紫背椋鸟 *Agropsar philippensis* (Forster,JR,1781)

科:雉椋鸟科 Sturnidae

栖息环境:主要栖息于农田、荒地和园林等

生态类群:鸣禽类

地理区系:古北界

居留类型:旅鸟

保护等级:浙江省一般保护野生动物

《IUCN 红色名录》:LC

《中国生物多样性红色名录》:LC

数据来源:宋世和,2018

324.灰背椋鸟

灰背椋鸟 *Sturnia sinensis* (Gmelin, JF,1788)

科:椋鸟科 Sturnidae

栖息环境:低山丘陵的林缘开阔地

生态类群:鸣禽类

地理区系:东洋界

居留类型:夏候鸟

保护等级:浙江省一般保护野生动物

《IUCN 红色名录》:LC

《中国生物多样性红色名录》:LC

数据来源:《浙江动物志》编辑委员会,1990b;宋世和,2018

325.丝光椋鸟

丝光椋鸟 *Spodiopsar sericeus* (Gmelin, JF,1789)

科:椋鸟科 Sturnidae

栖息环境:主要栖息于低山丘陵和山脚平原地区的次生林、小块丛林、稀树草坡等开阔地带,也出现于河谷和海岸

生态类群:鸣禽类

地理区系:东洋界

居留类型:留鸟

保护等级:浙江省一般保护野生动物

《IUCN 红色名录》:LC

《中国生物多样性红色名录》:LC

数据来源:第二次全国陆生野生动

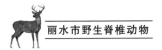

物资源调查;《浙江动物志》编辑委员会,1990b;丽水市野生动物编目调查;宋世和,2015;宋世和,2018

326. 灰椋鸟

灰椋鸟 *Spodiopsar cineraceus* (Temminck,1835)

科:椋鸟科 Sturnidae

栖息环境:主要栖息于低山丘陵和开阔平原地带的疏林草甸、河谷阔叶林、次生林、农田等生境

生态类群:鸣禽类

地理区系:古北界

居留类型:冬候鸟

保护等级:浙江省一般保护野生动物

《IUCN 红色名录》:LC

《中国生物多样性红色名录》:LC

数据来源:丽水市野生动物编目调查;《浙江动物志》编辑委员会,1990b;宋世和,2015;宋世和,2018

327. 橙头地鸫

橙头地鸫 *Geokichla citrina* (Latham,1790)

科:鸫科 Turdidae

栖息环境:多荫森林

生态类群:鸣禽类

地理区系:东洋界

居留类型:夏候鸟

保护等级:浙江省一般保护野生动物

《IUCN 红色名录》:LC

《中国生物多样性红色名录》:LC

数据来源:宋世和,2018

328. 白眉地鸫

白眉地鸫 *Geokichla sibirica* (Pallas,1776)

科:鸫科 Turdidae

栖息环境:常见于针阔叶混交林和针叶林,迁徙期间常在林缘、道旁两侧次生林、村庄附近的丛林

生态类群:鸣禽类

地理区系:古北界

居留类型:旅鸟

保护等级:浙江省一般保护野生动物

《IUCN 红色名录》:LC

《中国生物多样性红色名录》:LC

数据来源:丽水市野生动物编目调查;《浙江动物志》编辑委员会,1990b;宋世和,2015;宋世和,2018

329. 虎斑地鸫

虎斑地鸫 *Zoothera aurea* (Holandre,1825)

科:鸫科 Turdidae

栖息环境:主要栖息于阔叶林、针阔叶混交林和针叶林中,尤以溪谷、河流两岸、地势低洼的密林中较常见

生态类群:鸣禽类

地理区系:古北界

居留类型:冬候鸟

保护等级:浙江省一般保护野生动物

《IUCN 红色名录》:LC

《中国生物多样性红色名录》:LC

数据来源:《浙江动物志》编辑委员会,1990b;丽水市野生动物编目调查;宋世和,2015;宋世和,2018

330. 灰背鸫

灰背鸫 *Turdus hortulorum* Sclater,PL,1863

科:鸫科 Turdidae

栖息环境:主要栖息于低山丘陵地带的茂密森林中

生态类群:鸣禽类

地理区系:古北界

居留类型:冬候鸟

保护等级：浙江省一般保护野生动物

《IUCN 红色名录》：LC

《中国生物多样性红色名录》：LC

数据来源：《浙江动物志》编辑委员会，1990b；丽水市野生动物编目调查；龙泉市林业局，2009；《凤阳山志》编委会，2012；洪起平等，2007；宋世和，2015；宋世和，2018

331. 乌灰鸫

乌灰鸫 *Turdus cardis* Temminck，1831

科：鸫科 Turdidae

栖息环境：中低海拔山地阔叶林、针阔叶混交林的中层和底层

生态类群：鸣禽类

地理区系：东洋界

居留类型：旅鸟

保护等级：浙江省一般保护野生动物

《IUCN 红色名录》：LC

《中国生物多样性红色名录》：LC

数据来源：《浙江动物志》编辑委员会，1990b；宋世和，2018

332. 乌鸫

乌鸫 *Turdus mandarinus* Bonaparte，1850

科：鸫科 Turdidae

栖息环境：主要栖息于次生林、阔叶林、针阔叶混交林和针叶林等各种不同类型的森林中，尤其喜欢栖息在农田旁树林、果园、村镇边缘、平原草地或园圃间

生态类群：鸣禽类

地理区系：东洋界

居留类型：留鸟

保护等级：浙江省一般保护野生动物

《IUCN 红色名录》：LC

《中国生物多样性红色名录》：LC

数据来源：第二次全国陆生野生动物资源调查；《浙江动物志》编辑委员会，1990b；丽水市野生动物编目调查；龙泉市林业局，2009；《凤阳山志》编委会，2012；洪起平等，2007；宋世和，2015；宋世和，2018

333. 白眉鸫

白眉鸫 *Turdus obscurus* Gmelin，JF，1789

科：鸫科 Turdidae

栖息环境：主要栖息于中低海拔山地的阔叶林、次生林和人工林中，也见于果园、苗圃和公园等

生态类群：鸣禽类

地理区系：古北界

居留类型：旅鸟

保护等级：浙江省一般保护野生动物

《IUCN 红色名录》：LC

《中国生物多样性红色名录》：LC

数据来源：宋世和，2015；宋世和，2018

334. 白腹鸫

白腹鸫 *Turdus pallidus* Gmelin，JF，1789

科：鸫科 Turdidae

栖息环境：低地森林、次生植被、公园及花园

生态类群：鸣禽类

地理区系：古北界

居留类型：冬候鸟

保护等级：浙江省一般保护野生动物

《IUCN 红色名录》：LC

《中国生物多样性红色名录》：LC

数据来源：第二次全国陆生野生动

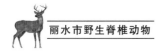

物资源调查;《浙江动物志》编辑委员会,1990b;丽水市野生动物编目调查;宋世和,2015;宋世和,2018

335. 红尾斑鸫

红尾斑鸫 *Turdus naumanni* Temminck,1820

科:鸫科 Turdidae

栖息环境:多种林型和草地,冬季常与斑鸫及其他鸫类混群

生态类群:鸣禽类

地理区系:古北界

居留类型:冬候鸟

保护等级:浙江省一般保护野生动物

《IUCN 红色名录》:LC

《中国生物多样性红色名录》:LC

数据来源:丽水市野生动物编目调查;《凤阳山志》编委会,2012;洪起平等,2007;宋世和,2015;宋世和,2018

336. 斑鸫

斑鸫 *Turdus eunomus* Temminck,1831

科:鸫科 Turdidae

栖息环境:针叶林、落叶林的林缘、灌丛、草地等

生态类群:鸣禽类

地理区系:古北界

居留类型:冬候鸟

保护等级:浙江省一般保护野生动物

《IUCN 红色名录》:LC

《中国生物多样性红色名录》:LC

数据来源:《浙江动物志》编辑委员会,1990b;丽水市野生动物编目调查;龙泉市林业局,2009;宋世和,2015;宋世和,2018

337. 红尾歌鸲

红尾歌鸲 *Larvivora sibilans* Swinhoe,1863

科:鹟科 Muscicapidae

栖息环境:主要栖息于山区阔叶林、针阔叶混交林和针叶林,偏好疏林、林缘及灌丛生境

生态类群:鸣禽类

地理区系:古北界

居留类型:旅鸟

保护等级:浙江省一般保护野生动物

《IUCN 红色名录》:LC

《中国生物多样性红色名录》:LC

数据来源:宋世和,2015;宋世和,2018

338. 北红尾鸲

北红尾鸲 *Phoenicurus auroreus* (Pallas,1776)

科:鹟科 Muscicapidae

栖息环境:主要栖息于山地、森林、河谷、林缘、居民点附近的灌丛与低矮树丛中

生态类群:鸣禽类

地理区系:古北界

居留类型:冬候鸟

保护等级:浙江省一般保护野生动物

《IUCN 红色名录》:LC

《中国生物多样性红色名录》:LC

数据来源:第二次全国陆生野生动物资源调查;《浙江动物志》编辑委员会,1990b;丽水市野生动物编目调查;《凤阳山志》编委会,2012;洪起平等,2007;宋世和,2015;宋世和,2018

339. 红尾水鸲

红尾水鸲 *Rhyacornis fuliginosa* (Vigors,1831)

科:鹟科 Muscicapidae

栖息环境:主要栖息于山地溪流与

河谷沿岸,尤以多石的林间或林缘地带的溪流沿岸较常见

生态类群:鸣禽类

地理区系:东洋界

居留类型:留鸟

保护等级:浙江省一般保护野生动物

《IUCN 红色名录》:LC

《中国生物多样性红色名录》:LC

数据来源:第二次全国陆生野生动物资源调查;《浙江动物志》编辑委员会,1990b;丽水市野生动物编目调查;龙泉市林业局,2009;《凤阳山志》编委会,2012;洪起平等,2007;宋世和,2015;宋世和,2018

340. 红喉歌鸲

红喉歌鸲 *Calliope calliope*（Pallas,1776）

科:鹟科 Muscicapidae

栖息环境:主要栖息于低山丘陵和山脚平原地带的次生阔叶林、针阔叶混交林中,也栖息于平原地带繁茂的草丛或芦苇丛间

生态类群:鸣禽类

地理区系:古北界

居留类型:旅鸟

保护等级:国家二级重点保护野生动物

《IUCN 红色名录》:LC

《中国生物多样性红色名录》:LC

数据来源:《浙江动物志》编辑委员会,1990b;宋世和,2015;宋世和,2018

341. 蓝喉歌鸲

蓝喉歌鸲 *Luscinia svecica*（Linnaeus,1758）

科:鹟科 Muscicapidae

栖息环境:主要栖息于灌丛或芦苇丛中,不去密林和高树上栖息,常见于

苔原带、森林、沼泽及荒漠边缘的各类灌丛

生态类群:鸣禽类

地理区系:古北界

居留类型:旅鸟

保护等级:国家二级重点保护野生动物

《IUCN 红色名录》:LC

《中国生物多样性红色名录》:LC

数据来源:《浙江动物志》编辑委员会,1990b;宋世和,2015;宋世和,2018

342. 蓝歌鸲

蓝歌鸲 *Larvivora cyane*（Pallas,1776）

科:鹟科 Muscicapidae

栖息环境:沟谷和溪流两侧的阔叶林、针叶林、针阔叶混交林下

生态类群:鸣禽类

地理区系:古北界

居留类型:旅鸟

保护等级:浙江省一般保护野生动物

《IUCN 红色名录》:LC

《中国生物多样性红色名录》:LC

数据来源:《浙江动物志》编辑委员会,1990b;宋世和,2015;宋世和,2018

343. 红胁蓝尾鸲

红胁蓝尾鸲 *Tarsiger cyanurus*（Pallas,1773）

科:鹟科 Muscicapidae

栖息环境:主要栖息于山地针叶林及针阔叶混交林中,多见于阴湿林下

生态类群:鸣禽类

地理区系:古北界

居留类型:冬候鸟

保护等级:浙江省一般保护野生动物

《IUCN 红色名录》:LC

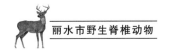

《中国生物多样性红色名录》:LC

数据来源:第二次全国陆生野生动物资源调查;《浙江动物志》编辑委员会,1990b;丽水市野生动物编目调查;龙泉市林业局,2009;《凤阳山志》编委会,2012;洪起平等,2007;宋世和,2015;宋世和,2018

344. 鹊鸲

鹊鸲 *Copsychus saularis*(Linnaeus,1758)

科:鹟科 Muscicapidae

栖息环境:主要栖息于的低山、丘陵和山脚平原地带的次生林、竹林、林缘疏林灌丛、村庄、城镇等生境

生态类群:鸣禽类

地理区系:东洋界

居留类型:留鸟

保护等级:浙江省一般保护野生动物

《IUCN 红色名录》:LC

《中国生物多样性红色名录》:LC

数据来源:第二次全国陆生野生动物资源调查;《浙江动物志》编辑委员会,1990b;丽水市野生动物编目调查;龙泉市林业局,2009;《凤阳山志》编委会,2012;洪起平等,2007;宋世和,2015;宋世和,2018

345. 白顶溪鸲

白顶溪鸲 *Chaimarrornis leucocephalus*(Vigors,1831)

科:鹟科 Muscicapidae

栖息环境:常栖息于山区河谷、山间溪流边的岩石上、河流的岸边、河中露出水面的巨大岩石间,有时亦见于山谷或干涸的河床上

生态类群:鸣禽类

地理区系:东洋界

居留类型:留鸟

保护等级:浙江省一般保护野生动物

《IUCN 红色名录》:NE

《中国生物多样性红色名录》:LC

数据来源:丽水市野生动物编目调查

346. 小燕尾

小燕尾 *Enicurus scouleri* Vigors,1832

科:鹟科 Muscicapidae

栖息环境:主要栖息于山涧溪流与河谷沿岸

生态类群:鸣禽类

地理区系:东洋界

居留类型:留鸟

保护等级:浙江省一般保护野生动物

《IUCN 红色名录》:LC

《中国生物多样性红色名录》:LC

数据来源:第二次全国陆生野生动物资源调查;《浙江动物志》编辑委员会,1990b;丽水市野生动物编目调查;龙泉市林业局,2009;《凤阳山志》编委会,2012;洪起平等,2007;宋世和,2015;宋世和,2018

347. 灰背燕尾

灰背燕尾 *Enicurus schistaceus*(Hodgson,1836)

科:鹟科 Muscicapidae

栖息环境:一般栖息在水边乱石上或在激流中的石头上停息,出没于山间溪流旁

生态类群:鸣禽类

地理区系:东洋界

居留类型:留鸟

保护等级:浙江省一般保护野生动物

《IUCN 红色名录》:LC

《中国生物多样性红色名录》:LC

数据来源:第二次全国陆生野生动物资源调查;《浙江动物志》编辑委员会,1990b;丽水市野生动物编目调查;宋世和,2015;宋世和,2018

348. 白额燕尾

白额燕尾 *Enicurus leschenaulti* (Vieillot,1818)

科:鹟科 Muscicapidae

栖息环境:主要栖息于山涧溪流与河谷沿岸,尤喜水流湍急、河中多石头的林间溪流

生态类群:鸣禽类

地理区系:东洋界

居留类型:留鸟

保护等级:浙江省一般保护野生动物

《IUCN 红色名录》:LC

《中国生物多样性红色名录》:LC

数据来源:第二次全国陆生野生动物资源调查;《浙江动物志》编辑委员会,1990b;丽水市野生动物编目调查;宋世和,2015;宋世和,2018

349. 斑背燕尾

斑背燕尾 *Enicurus maculatus* Vigors,1831

科:鹟科 Muscicapidae

栖息环境:中高海拔山地的林间和水渠中,较其他燕尾偏好森林

生态类群:鸣禽类

地理区系:东洋界

居留类型:留鸟

保护等级:浙江省一般保护野生动物

《IUCN 红色名录》:LC

《中国生物多样性红色名录》:LC

数据来源:丽水市野生动物编目调查;《凤阳山志》编委会,2012;洪起平

等,2007;宋世和,2015;宋世和,2018

350. 黑喉石䳭

黑喉石䳭 *Saxicola maurus* (Pallas, 1773)

科:鹟科 Muscicapidae

栖息环境:主要栖息于林区外围、村寨和农田附近、山坡、河谷的灌丛中,常栖息于灌丛、矮小树、农作物的梢端、地面岩石上或电线上

生态类群:鸣禽类

地理区系:古北界

居留类型:冬候鸟

保护等级:浙江省一般保护野生动物

《IUCN 红色名录》:NE

《中国生物多样性红色名录》:LC

数据来源:第二次全国陆生野生动物资源调查;《浙江动物志》编辑委员会,1990b;丽水市野生动物编目调查;宋世和,2015;宋世和,2018

351. 灰林䳭

灰林䳭 *Saxicola ferreus* Gray,JE & Gray,GR,1847

科:鹟科 Muscicapidae

栖息环境:栖息于开阔沟谷地带、灌丛、草丛、松树林、草坡、林缘耕地、阔叶林或山洞溪旁等处,常停于电线上或居民点附近的篱笆上

生态类群:鸣禽类

地理区系:东洋界

居留类型:留鸟

保护等级:浙江省一般保护野生动物

《IUCN 红色名录》:LC

《中国生物多样性红色名录》:LC

数据来源:第二次全国陆生野生动物资源调查;《浙江动物志》编辑委员会,1990b;丽水市野生动物编目调查;

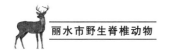

龙泉市林业局,2009;《凤阳山志》编委会,2012;洪起平等,2007;宋世和,2015;宋世和,2018

352. 白喉矶鸫

白喉矶鸫 *Monticola gularis* (Swinhoe, 1863)

科:鹟科 Muscicapidae

栖息环境:主要栖息于低山或平原的阔叶林、针阔叶混交林、针叶林中,也见于人工林和次生林

生态类群:鸣禽类

地理区系:古北界

居留类型:旅鸟

保护等级:浙江省一般保护野生动物

《IUCN 红色名录》:LC

《中国生物多样性红色名录》:EN

数据来源:《浙江动物志》编辑委员会,1990b

353. 栗腹矶鸫

栗腹矶鸫 *Monticola rufiventris* (Jardine & Selby,1833)

科:鹟科 Muscicapidae

栖息环境:主要栖息于中海拔山地的常绿阔叶林、次生林、林缘,也见于公园、苗圃、果园、村庄等有林地带

生态类群:鸣禽类

地理区系:东洋界

居留类型:留鸟

保护等级:浙江省一般保护野生动物

《IUCN 红色名录》:LC

《中国生物多样性红色名录》:LC

数据来源:丽水市野生动物编目调查;第二次全国陆生野生动物资源调查;龙泉市林业局,2009;《凤阳山志》编委会,2012;洪起平等,2007;宋世和,2015;宋世和,2018

354. 蓝矶鸫

蓝矶鸫 *Monticola solitarius* (Linnaeus, 1758)

科:鹟科 Muscicapidae

栖息环境:主要栖息于沟谷、山林、灌丛和石滩间,也见于村落、屋舍和废旧建筑等生境

生态类群:鸣禽类

地理区系:东洋界

居留类型:留鸟

保护等级:浙江省一般保护野生动物

《IUCN 红色名录》:LC

《中国生物多样性红色名录》:LC

数据来源:第二次全国陆生野生动物资源调查;《浙江动物志》编辑委员会,1990b;丽水市野生动物编目调查;龙泉市林业局,2009;《凤阳山志》编委会,2012;洪起平等,2007;宋世和,2015;宋世和,2018

355. 紫啸鸫

紫啸鸫 *Myophonus caeruleus* (Scopoli, 1786)

科:鹟科 Muscicapidae

栖息环境:主要栖息于山地森林溪流沿岸,尤以阔叶林和针阔叶混交林中多岩石的山涧溪流沿岸较常见

生态类群:鸣禽类

地理区系:东洋界

居留类型:留鸟

保护等级:浙江省一般保护野生动物

《IUCN 红色名录》:LC

《中国生物多样性红色名录》:LC

数据来源:第二次全国陆生野生动物资源调查;《浙江动物志》编辑委员会,1990b;丽水市野生动物编目调查;龙泉市林业局,2009;《凤阳山志》编委

会，2012；洪起平等，2007；宋世和，2015；宋世和，2018

356. 白喉林鹟

白喉林鹟 *Cyornis brunneatus*（Slater，1897）

科：鹟科 Muscicapidae

栖息环境：中低海拔山地的常绿阔叶林和竹林中

生态类群：鸣禽类

地理区系：东洋界

居留类型：夏候鸟

保护等级：国家二级重点保护野生动物

《IUCN 红色名录》：VU

《中国生物多样性红色名录》：VU

数据来源：《凤阳山志》编委会，2012；洪起平等，2007；宋世和，2015；宋世和，2018

357. 灰纹鹟

灰纹鹟 *Muscicapa griseisticta*（Swinhoe，1861）

科：鹟科 Muscicapidae

栖息环境：主要栖息于密林、开阔森林及林缘，甚至在城市公园的溪流附近

生态类群：鸣禽类

地理区系：古北界

居留类型：旅鸟

保护等级：浙江省一般保护野生动物

《IUCN 红色名录》：LC

《中国生物多样性红色名录》：LC

数据来源：《浙江动物志》编辑委员会，1990b；丽水市野生动物编目调查；宋世和，2015；宋世和，2018

358. 乌鹟

乌鹟 *Muscicapa sibirica* Gmelin，JF，1789

科：鹟科 Muscicapidae

栖息环境：山区或山麓森林的林下植被层及林间

生态类群：鸣禽类

地理区系：古北界

居留类型：旅鸟

保护等级：浙江省一般保护野生动物

《IUCN 红色名录》：LC

《中国生物多样性红色名录》：LC

数据来源：《浙江动物志》编辑委员会，1990b；丽水市野生动物编目调查；宋世和，2015；宋世和，2018

359. 北灰鹟

北灰鹟 *Muscicapa dauurica* Pallas，1811

科：鹟科 Muscicapidae

栖息环境：近溪流的落叶阔叶林、针阔叶混交林、针叶林林下和林缘

生态类群：鸣禽类

地理区系：古北界

居留类型：旅鸟

保护等级：浙江省一般保护野生动物

《IUCN 红色名录》：LC

《中国生物多样性红色名录》：LC

数据来源：《浙江动物志》编辑委员会，1990b；丽水市野生动物编目调查；龙泉市林业局，2009；《凤阳山志》编委会，2012；洪起平等，2007；宋世和，2015；宋世和，2018

360. 白眉姬鹟

白眉姬鹟 *Ficedula zanthopygia*（Hay，1845）

科：鹟科 Muscicapidae

栖息环境：主要栖息于低山丘陵和山脚地带的阔叶林、针阔叶混交林中，也出入于次生林和人工林内，迁徙期间

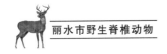

有时也见于居民点附近的小树丛和果园中

生态类群:鸣禽类

地理区系:古北界

居留类型:旅鸟

保护等级:浙江省一般保护野生动物

《IUCN 红色名录》:LC

《中国生物多样性红色名录》:LC

数据来源:丽水市野生动物编目调查;《浙江动物志》编辑委员会,1990b;宋世和,2015;宋世和,2018

361. 黄眉姬鹟

黄眉姬鹟 *Ficedula narcissina* (Temminck,1836)

科:鹟科 Muscicapidae

栖息环境:栖息于中低山阔叶林、针阔叶混交林和针叶林林缘,迁徙季也见于防风林、苗圃、果园等

生态类群:鸣禽类

地理区系:东洋界

居留类型:旅鸟

保护等级:浙江省一般保护野生动物

《IUCN 红色名录》:LC

《中国生物多样性红色名录》:LC

数据来源:《浙江动物志》编辑委员会,1990b;宋世和,2015;宋世和,2018

362. 鸲姬鹟

鸲姬鹟 *Ficedula mugimaki* (Temminck,1836)

科:鹟科 Muscicapidae

栖息环境:栖息于山地森林和平原的小树林、林缘、林间空地,常在林间做短距离的快速飞行,喜林缘地带、林间空地及山区森林

生态类群:鸣禽类

地理区系:古北界

居留类型:旅鸟

保护等级:浙江省一般保护野生动物

《IUCN 红色名录》:LC

《中国生物多样性红色名录》:LC

数据来源:《浙江动物志》编辑委员会,1990b;宋世和,2015;宋世和,2018

363. 红喉姬鹟

红喉姬鹟 *Ficedula albicilla* (Pallas,1811)

科:鹟科 Muscicapidae

栖息环境:主要栖息于低山丘陵和山脚平原地带的阔叶林、针阔叶混交林、针叶林中

生态类群:鸣禽类

地理区系:古北界

居留类型:旅鸟

保护等级:浙江省一般保护野生动物

《IUCN 红色名录》:LC

《中国生物多样性红色名录》:LC

数据来源:宋世和,2015;宋世和,2018

364. 白腹蓝鹟

白腹蓝鹟 *Cyanoptila cyanomelana* (Temminck,1829)

科:鹟科 Muscicapidae

栖息环境:主要栖息于中低海拔山地森林近溪流的林缘,也见于防风林、次生林、人工林和公园中

生态类群:鸣禽类

地理区系:古北界

居留类型:旅鸟

保护等级:浙江省一般保护野生动物

《IUCN 红色名录》:LC

《中国生物多样性红色名录》:LC

数据来源:《浙江动物志》编辑委员

会,1990b;丽水市野生动物编目调查;宋世和,2015;宋世和,2018

365. 铜蓝鹟

铜蓝鹟 *Eumyias thalassinus*(Swainson,1838)

科:鹟科 Muscicapidae

栖息环境:主要栖息于常绿阔叶林、针阔叶混交林、针叶林等山地森林和林缘地带

生态类群:鸣禽类

地理区系:东洋界

居留类型:夏候鸟

保护等级:浙江省一般保护野生动物

《IUCN 红色名录》:LC

《中国生物多样性红色名录》:LC

数据来源:丽水市野生动物编目调查;宋世和,2018

366. 小仙鹟

小仙鹟 *Niltava macgrigoriae*(Burton,1836)

科:鹟科 Muscicapidae

栖息环境:主要栖息于中低海拔山地的天然林或次生常绿阔叶林中,常活动于小路附近的林缘、灌丛和竹林

生态类群:鸣禽类

地理区系:东洋界

居留类型:夏候鸟

保护等级:浙江省一般保护野生动物

《IUCN 红色名录》:LC

《中国生物多样性红色名录》:LC

数据来源:丽水市野生动物编目调查;龙泉市林业局,2009;《凤阳山志》编委会,2012;洪起平等,2007;宋世和,2015;宋世和,2018

367. 棕腹大仙鹟

棕腹大仙鹟 *Niltava davidi* La Touche,1907

科:鹟科 Muscicapidae

栖息环境:主要栖息于中高海拔山地的阔叶林、针阔叶混交林、针叶林中,也见于苗圃、果园和公园

生态类群:鸣禽类

地理区系:东洋界

居留类型:夏候鸟

保护等级:国家二级重点保护野生动物

《IUCN 红色名录》:LC

《中国生物多样性红色名录》:LC

数据来源:丽水市野生动物编目调查;宋世和,2018

368. 戴菊

戴菊 *Regulus regulus*(Linnaeus,1758)

科:戴菊科 Regulidae

栖息环境:主要栖息于海拔 800m 以上的针叶林和针阔叶混交林中,迁徙季节和冬季多下到低山和山脚林缘灌丛地带活动

生态类群:鸣禽类

地理区系:古北界

居留类型:冬候鸟

保护等级:浙江省一般保护野生动物

《IUCN 红色名录》:LC

《中国生物多样性红色名录》:LC

数据来源:《浙江动物志》编辑委员会,1990b;宋世和,2018

369. 小太平鸟

小太平鸟 *Bombycilla japonica*(Siebold,1824)

科:太平鸟科 Bombycillidae

栖息环境:主要栖息于山地和平原的阔叶林、针叶林、针阔叶混交林及其林缘地带

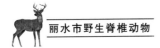

生态类群:鸣禽类

地理区系:古北界

居留类型:冬候鸟

保护等级:浙江省重点保护野生动物

《IUCN 红色名录》:NT

《中国生物多样性红色名录》:LC

数据来源:《浙江动物志》编辑委员会,1990b;丽水市野生动物编目调查;宋世和,2018

370.丽星鹩鹛

丽星鹩鹛 *Elachura formosa*(Walden,1874)

科:丽星鹩鹛科 Elachuridae

栖息环境:栖息于中低海拔近溪流和沟谷的常绿阔叶林、竹林、灌丛下层

生态类群:鸣禽类

地理区系:东洋界

居留类型:留鸟

保护等级:浙江省一般保护野生动物

《IUCN 红色名录》:LC

《中国生物多样性红色名录》:NT

数据来源:丽水市野生动物编目调查;第二次全国陆生野生动物资源调查;宋世和,2015;宋世和,2018

371.橙腹叶鹎

橙腹叶鹎 *Chloropsis hardwickii* Jardine & Selby,1830

科:叶鹎科 Chloropseidae

栖息环境:主要栖息于低山丘陵和山脚平原地带的森林中,尤以次生阔叶林、常绿阔叶林、针阔叶混交林中较常见

生态类群:鸣禽类

地理区系:东洋界

居留类型:留鸟

保护等级:浙江省一般保护野生动物

《IUCN 红色名录》:LC

《中国生物多样性红色名录》:LC

数据来源:《浙江动物志》编辑委员会,1990b;丽水市野生动物编目调查;龙泉市林业局,2009;《凤阳山志》编委会,2012;洪起平等,2007;宋世和,2015;宋世和,2018

372.红胸啄花鸟

红胸啄花鸟 *Dicaeum ignipectus* (Blyth,1843)

科:啄花鸟科 Dicaeidae

栖息环境:主要栖息于海拔 1500m 以下的低山丘陵和山脚平原地带的阔叶林、次生阔叶林、山地森林

生态类群:鸣禽类

地理区系:东洋界

居留类型:留鸟

保护等级:浙江省重点保护野生动物

《IUCN 红色名录》:LC

《中国生物多样性红色名录》:LC

数据来源:《浙江动物志》编辑委员会,1990b;丽水市野生动物编目调查;宋世和,2018

373.叉尾太阳鸟

叉尾太阳鸟 *Aethopyga christinae* Swinhoe,1869

科:花蜜鸟科 Nectariniidae

栖息环境:主要栖息于中山和低山丘陵地带的山沟旁、山溪旁、山坡的原始或次生茂密阔叶林边缘,也见于村寨附近的灌树丛中,或在热带雨林、油茶林活动

生态类群:鸣禽类

地理区系:东洋界

居留类型:留鸟

保护等级:浙江省重点保护野生

动物

《IUCN 红色名录》:LC

《中国生物多样性红色名录》:LC

数据来源:第二次全国陆生野生动物资源调查;《浙江动物志》编辑委员会,1990b;丽水市野生动物编目调查;宋世和,2015;宋世和,2018

374. 白腰文鸟

白腰文鸟 *Lonchura striata*(Linnaeus, 1766)

科:梅花雀科 Estrildidae

栖息环境:主要栖息于低山、丘陵和山脚平原地带,常见于林缘、次生灌丛、农田及花园

生态类群:鸣禽类

地理区系:东洋界

居留类型:留鸟

保护等级:浙江省一般保护野生动物

《IUCN 红色名录》:LC

《中国生物多样性红色名录》:LC

数据来源:第二次全国陆生野生动物资源调查;《浙江动物志》编辑委员会,1990b;丽水市野生动物编目调查;龙泉市林业局,2009;《凤阳山志》编委会,2012;洪起平等,2007;宋世和,2015;宋世和,2018

375. 斑文鸟

斑文鸟 *Lonchura punctulata*(Linnaeus, 1758)

科:梅花雀科 Estrildidae

栖息环境:主要栖息于低山、丘陵、山脚和平原地带的农田、村落、林缘疏林、河谷地区

生态类群:鸣禽类

地理区系:东洋界

居留类型:留鸟

保护等级:浙江省一般保护野生

动物

《IUCN 红色名录》:LC

《中国生物多样性红色名录》:LC

数据来源:第二次全国陆生野生动物资源调查;《浙江动物志》编辑委员会,1990b;丽水市野生动物编目调查;龙泉市林业局,2009;《凤阳山志》编委会,2012;洪起平等,2007;宋世和,2015;宋世和,2018

376. 山麻雀

山麻雀 *Passer cinnamomeus*(Gould, 1836)

科:雀科 Passeridae

栖息环境:低山丘陵和山脚平原地带的各类森林、灌丛中

生态类群:鸣禽类

地理区系:东洋界

居留类型:留鸟

保护等级:浙江省一般保护野生动物

《IUCN 红色名录》:LC

《中国生物多样性红色名录》:LC

数据来源:第二次全国陆生野生动物资源调查;《浙江动物志》编辑委员会,1990b;丽水市野生动物编目调查;龙泉市林业局,2009;《凤阳山志》编委会,2012;洪起平等,2007;宋世和,2015;宋世和,2018

377. 麻雀

麻雀 *Passer montanus*(Linnaeus, 1758)

科:雀科 Passeridae

栖息环境:分布最广、适应能力最强的鸟之一,高可至中海拔地区,近人栖居,喜城镇、乡村生境

生态类群:鸣禽类

地理区系:广布

居留类型:留鸟

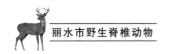

保护等级:浙江省一般保护野生动物

《IUCN 红色名录》:LC

《中国生物多样性红色名录》:LC

数据来源:第二次全国陆生野生动物资源调查;《浙江动物志》编辑委员会,1990b;丽水市野生动物编目调查;龙泉市林业局,2009;《凤阳山志》编委会,2012;洪起平等,2007;宋世和,2015;宋世和,2018

378. 山鹡鸰

山鹡鸰 *Dendronanthus indicus*(Gmelin,JF,1789)

科:鹡鸰科 Motacillidae

栖息环境:主要栖息于开阔森林

生态类群:鸣禽类

地理区系:古北界

居留类型:夏候鸟

保护等级:浙江省一般保护野生动物

《IUCN 红色名录》:LC

《中国生物多样性红色名录》:LC

数据来源:《浙江动物志》编辑委员会,1990b;龙泉市林业局,2009;《凤阳山志》编委会,2012;洪起平等,2007;宋世和,2018

379. 白鹡鸰

白鹡鸰 *Motacilla alba* Linnaeus,1758

科:鹡鸰科 Motacillidae

栖息环境:主要栖息于河流、湖泊、水库、水塘等水域岸边,也栖息于农田、湿草原、沼泽等湿地,有时还栖息于水域附近的居民点和公园

生态类群:鸣禽类

地理区系:古北界

居留类型:留鸟

保护等级:浙江省一般保护野生动物

《IUCN 红色名录》:LC

《中国生物多样性红色名录》:LC

数据来源:第二次全国陆生野生动物资源调查;《浙江动物志》编辑委员会,1990b;丽水市野生动物编目调查;龙泉市林业局,2009;《凤阳山志》编委会,2012;洪起平等,2007;宋世和,2015;宋世和,2018

380. 黄头鹡鸰

黄头鹡鸰 *Motacilla citreola* Pallas,1776

科:鹡鸰科 Motacillidae

栖息环境:主要栖息于湖畔、河边、农田、草地、沼泽等各类生境中

生态类群:鸣禽类

地理区系:古北界

居留类型:旅鸟

保护等级:浙江省一般保护野生动物

《IUCN 红色名录》:LC

《中国生物多样性红色名录》:LC

数据来源:丽水市野生动物编目调查;宋世和,2015;宋世和,2018

381. 黄鹡鸰

黄鹡鸰 *Motacilla tschutschensis* Gmelin,JF,1789

科:鹡鸰科 Motacillidae

栖息环境:栖息于低山丘陵、平原以及高海拔山地,常在林缘、林中溪流、平原河谷、村野、湖畔和居民点附近活动

生态类群:鸣禽类

地理区系:古北界

居留类型:旅鸟

保护等级:浙江省一般保护野生动物

《IUCN 红色名录》:LC

《中国生物多样性红色名录》:LC

数据来源:《浙江动物志》编辑委员会,1990b;丽水市野生动物编目调查;龙泉市林业局,2009;《凤阳山志》编委会,2012;洪起平等,2007;宋世和,2015;宋世和,2018

382.灰鹡鸰

灰鹡鸰 *Motacilla cinerea* Tunstall,1771

科:鹡鸰科 Motacillidae

栖息环境:主要栖息于溪流、河谷、湖泊、水塘、沼泽等水域岸边或水域附近的草地、农田、住宅、林区居民点

生态类群:鸣禽类

地理区系:古北界

居留类型:留鸟

保护等级:浙江省一般保护野生动物

《IUCN 红色名录》:LC

《中国生物多样性红色名录》:LC

数据来源:第二次全国陆生野生动物资源调查;《浙江动物志》编辑委员会,1990b;丽水市野生动物编目调查;龙泉市林业局,2009;《凤阳山志》编委会,2012;洪起平等,2007;宋世和,2015;宋世和,2018

383.田鹨

田鹨 *Anthus richardi* Vieillot,1818

科:鹡鸰科 Motacillidae

栖息环境:主要栖息于开阔平原、草地、河滩、林缘灌丛、林间空地、农田和沼泽地带

生态类群:鸣禽类

地理区系:古北界

居留类型:冬候鸟

保护等级:浙江省一般保护野生动物

《IUCN 红色名录》:LC

《中国生物多样性红色名录》:LC

数据来源:《浙江动物志》编辑委员会,1990b;丽水市野生动物编目调查;宋世和,2015;宋世和,2018

384.树鹨

树鹨 *Anthus hodgsoni* Richmond,1907

科:鹡鸰科 Motacillidae

栖息环境:主要栖息于低山丘陵和山脚平原草地,常活动于林缘、路边、河谷、林间空地、高山苔原、草地等各类生境,有时也出现在居民点

生态类群:鸣禽类

地理区系:古北界

居留类型:冬候鸟

保护等级:浙江省一般保护野生动物

《IUCN 红色名录》:LC

《中国生物多样性红色名录》:LC

数据来源:第二次全国陆生野生动物资源调查;《浙江动物志》编辑委员会,1990b;丽水市野生动物编目调查;龙泉市林业局,2009;《凤阳山志》编委会,2012;洪起平等,2007;宋世和,2015;宋世和,2018

385.北鹨

北鹨 *Anthus gustavi* Swinhoe,1863

科:鹡鸰科 Motacillidae

栖息环境:喜开阔的湿润多草地区及沿海森林,有时出现在林缘、林中草地、河滩、沼泽、草地、林间空地、居民点附近

生态类群:鸣禽类

地理区系:古北界

居留类型:旅鸟

保护等级:浙江省一般保护野生动物

《IUCN 红色名录》:LC

《中国生物多样性红色名录》:LC

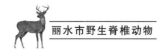

数据来源：《浙江动物志》编辑委员会，1990b；龙泉市林业局，2009；宋世和，2015；宋世和，2018

386. 红喉鹨

红喉鹨 *Anthus cervinus*（Pallas，1811）

科：鹡鸰科 Motacillidae

栖息环境：主要栖息于灌丛、草甸地带、开阔平原和低山山脚地带，有时出现在林缘、林中草地、河滩、沼泽、草地、林间空地及居民点附近

生态类群：鸣禽类

地理区系：古北界

居留类型：冬候鸟

保护等级：浙江省一般保护野生动物

《IUCN 红色名录》：LC

《中国生物多样性红色名录》：LC

数据来源：《浙江动物志》编辑委员会，1990b；宋世和，2015；宋世和，2018

387. 水鹨

水鹨 *Anthus spinoletta*（Linnaeus，1758）

科：鹡鸰科 Motacillidae

栖息环境：主要栖息于近水湿润草地或河滩，冬季常见单个或结小群活动于水滨

生态类群：鸣禽类

地理区系：古北界

居留类型：冬候鸟

保护等级：浙江省一般保护野生动物

《IUCN 红色名录》：LC

《中国生物多样性红色名录》：LC

数据来源：丽水市野生动物编目调查；《浙江动物志》编辑委员会，1990b；宋世和，2015；宋世和，2018

388. 黄腹鹨

黄腹鹨 *Anthus rubescens*（Tunstall，1771）

科：鹡鸰科 Motacillidae

栖息环境：主要栖息于水滨滩涂、草地及收割后的稻田

生态类群：鸣禽类

地理区系：古北界

居留类型：冬候鸟

保护等级：浙江省一般保护野生动物

《IUCN 红色名录》：LC

《中国生物多样性红色名录》：LC

数据来源：丽水市野生动物编目调查；宋世和，2015；宋世和，2018

389. 山鹨

山鹨 *Anthus sylvanus*（Hodgson，1845）

科：鹡鸰科 Motacillidae

栖息环境：主要栖息于山地林缘、灌丛、草地、岩石草坡和农田地带，尤其喜欢峻峭的山坡草地、灌丛和岩石

生态类群：鸣禽类

地理区系：古北界

居留类型：留鸟

保护等级：浙江省一般保护野生动物

《IUCN 红色名录》：LC

《中国生物多样性红色名录》：LC

数据来源：《浙江动物志》编辑委员会，1990b；龙泉市林业局，2009；《凤阳山志》编委会，2012；洪起平等，2007

390. 燕雀

燕雀 *Fringilla montifringilla* Linnaeus，1758

科：燕雀科 Fringillidae

栖息环境：主要栖息于落叶阔叶混交林、针叶林及阔叶林中，也见于城镇绿地等多种生境

生态类群：鸣禽类

地理区系:古北界

居留类型:冬候鸟

保护等级:浙江省一般保护野生动物

《IUCN 红色名录》:LC

《中国生物多样性红色名录》:LC

数据来源:《浙江动物志》编辑委员会,1990b;丽水市野生动物编目调查;宋世和,2015;宋世和,2018

391.普通朱雀

普通朱雀 *Carpodacus erythrinus* (Pallas,1770)

科:燕雀科 Fringillidae

栖息环境:主要栖息于针叶林、针阔叶混交林及其林缘地带

生态类群:鸣禽类

地理区系:古北界

居留类型:冬候鸟

保护等级:浙江省一般保护野生动物

《IUCN 红色名录》:LC

《中国生物多样性红色名录》:LC

数据来源:宋世和,2018

392.北朱雀

北朱雀 *Carpodacus roseus* (Pallas,1776)

科:燕雀科 Fringillidae

栖息环境:繁殖于针叶林中,越冬时在雪松林、落叶林及有灌丛覆盖的山坡上

生态类群:鸣禽类

地理区系:古北界

居留类型:冬候鸟

保护等级:国家二级重点保护野生动物

《IUCN 红色名录》:LC

《中国生物多样性红色名录》:LC

数据来源:《浙江动物志》编辑委员

会,1990b;宋世和,2018

393.黄雀

黄雀 *Spinus spinus* (Linnaeus,1758)

科:燕雀科 Fringillidae

栖息环境:主要栖息于山区的针阔叶混交林和针叶林、平原的杂木林、河滩的丛林中,有时也栖息于公园和苗圃

生态类群:鸣禽类

地理区系:古北界

居留类型:冬候鸟

保护等级:浙江省一般保护野生动物

《IUCN 红色名录》:LC

《中国生物多样性红色名录》:LC

数据来源:《浙江动物志》编辑委员会,1990b;丽水市野生动物编目调查;宋世和,2015;宋世和,2018

394.金翅雀

金翅雀 *Chloris sinica* (Linnaeus,1766)

科:燕雀科 Fringillidae

栖息环境:灌丛、农田、旷野、人工林、园林及林缘地带

生态类群:鸣禽类

地理区系:广布

居留类型:留鸟

保护等级:浙江省一般保护野生动物

《IUCN 红色名录》:LC

《中国生物多样性红色名录》:LC

数据来源:第二次全国陆生野生动物资源调查;《浙江动物志》编辑委员会,1990b;丽水市野生动物编目调查;龙泉市林业局,2009;《凤阳山志》编委会,2012;洪起平等,2007;宋世和,2015;宋世和,2018

395.褐灰雀

褐灰雀 *Pyrrhula nipalensis* Hodgson,

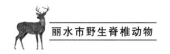

1836

科:燕雀科 Fringillidae

栖息环境:常见于海拔较高的山地森林中

生态类群:鸣禽类

地理区系:东洋界

居留类型:留鸟

保护等级:浙江省一般保护野生动物

《IUCN 红色名录》:LC

《中国生物多样性红色名录》:LC

数据来源:《浙江动物志》编辑委员会,1990b;丽水市野生动物编目调查;龙泉市林业局,2009;《凤阳山志》编委会,2012;洪起平等,2007;宋世和,2018

396. 锡嘴雀

锡嘴雀 Coccothraustes coccothraustes (Linnaeus,1758)

科:燕雀科 Fringillidae

栖息环境:主要栖息于低山丘陵和平原地带的阔叶林、针阔叶混交林、次生林、人工林,秋冬季常到林缘、溪边、果园、农田、城市公园等地活动

生态类群:鸣禽类

地理区系:古北界

居留类型:冬候鸟

保护等级:浙江省一般保护野生动物

《IUCN 红色名录》:LC

《中国生物多样性红色名录》:LC

数据来源:《浙江动物志》编辑委员会,1990b;宋世和,2018

397. 黑尾蜡嘴雀

黑尾蜡嘴雀 Eophona migratoria Hartert,1903

科:燕雀科 Fringillidae

栖息环境:主要栖息于低山和山脚平原地带的阔叶林、针阔叶混交林、次

生林、人工林中,也出现于林缘疏林、河谷、果园、城市公园等地

生态类群:鸣禽类

地理区系:古北界

居留类型:冬候鸟

保护等级:浙江省一般保护野生动物

《IUCN 红色名录》:LC

《中国生物多样性红色名录》:LC

数据来源:第二次全国陆生野生动物资源调查;《浙江动物志》编辑委员会,1990b;丽水市野生动物编目调查;宋世和,2015;宋世和,2018

398. 黑头蜡嘴雀

黑头蜡嘴雀 Eophona personata (Temminck & Schlegel,1848)

科:燕雀科 Fringillidae

栖息环境:较黑尾蜡嘴雀更喜低地,主要栖息于平原和丘陵地带的溪边灌丛、草丛、次生林,也见于山区的灌丛、常绿林和针阔叶混交林

生态类群:鸣禽类

地理区系:古北界

居留类型:冬候鸟

保护等级:浙江省一般保护野生动物

《IUCN 红色名录》:LC

《中国生物多样性红色名录》:NT

数据来源:丽水市野生动物编目调查;《浙江动物志》编辑委员会,1990b;宋世和,2015;宋世和,2018

399. 凤头鹀

凤头鹀 Melophus lathami (J. E. Gray,1831)

科:鹀科 Emberizidae

栖息环境:主要栖息于热带、亚热带地区的多草山坡和农田周围,常见于丘陵、开阔地面及矮草中

生态类群:鸣禽类

地理区系:东洋界

居留类型:留鸟

保护等级:浙江省一般保护野生动物

《IUCN 红色名录》:NE

《中国生物多样性红色名录》:LC

数据来源:丽水市野生动物编目调查;《浙江动物志》编辑委员会,1990b;龙泉市林业局,2009;《凤阳山志》编委会,2012;洪起平等,2007;宋世和,2015;宋世和,2018

400. 三道眉草鹀

三道眉草鹀 *Emberiza cioides* von Brandt,JF,1843

科:鹀科 Emberizidae

栖息环境:喜欢较为湿润的林缘地带,也栖居于高山丘陵的开阔灌丛中

生态类群:鸣禽类

地理区系:古北界

居留类型:留鸟

保护等级:浙江省一般保护野生动物

《IUCN 红色名录》:LC

《中国生物多样性红色名录》:LC

数据来源:第二次全国陆生野生动物资源调查;《浙江动物志》编辑委员会,1990b;丽水市野生动物编目调查;宋世和,2015;宋世和,2018

401. 红颈苇鹀

红颈苇鹀 *Emberiza yessoensis* (Swinhoe,1874)

科:鹀科 Emberizidae

栖息环境:主要栖息于芦苇地、有矮丛的沼泽地及高地的湿润草甸,尤喜溪流、河谷、湖泊、海岸附近的灌丛、草地、芦苇沼泽

生态类群:鸣禽类

地理区系:古北界

居留类型:冬候鸟

保护等级:浙江省一般保护野生动物

《IUCN 红色名录》:NT

《中国生物多样性红色名录》:NT

数据来源:宋世和,2018

402. 白眉鹀

白眉鹀 *Emberiza tristrami* Swinhoe,1870

科:鹀科 Emberizidae

栖息环境:低山针阔叶混交林、针叶林、阔叶林、林缘次生林、林间空地、溪流沿岸森林

生态类群:鸣禽类

地理区系:古北界

居留类型:旅鸟

保护等级:浙江省一般保护野生动物

《IUCN 红色名录》:LC

《中国生物多样性红色名录》:NT

数据来源:《浙江动物志》编辑委员会,1990b;丽水市野生动物编目调查;宋世和,2015;宋世和,2018

403. 栗耳鹀

栗耳鹀 *Emberiza fucata* Pallas,1776

科:鹀科 Emberizidae

栖息环境:栖息于低山、丘陵、平原、河谷、沼泽等开阔地带,尤以生长有稀疏灌木的林缘沼泽草地、溪边和林间路边灌木沼泽地较为常见

生态类群:鸣禽类

地理区系:古北界

居留类型:旅鸟

保护等级:浙江省一般保护野生动物

《IUCN 红色名录》:LC

《中国生物多样性红色名录》:LC

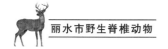

数据来源：《浙江动物志》编辑委员会，1990b；宋世和，2015；宋世和，2018

404. 小鹀

小鹀 *Emberiza pusilla* Pallas，1776

科：鹀科 Emberizidae

栖息环境：主要栖息于浓密植被或芦苇地里，也见于农田周围的草丛和灌丛中

生态类群：鸣禽类

地理区系：古北界

居留类型：冬候鸟

保护等级：浙江省一般保护野生动物

《IUCN 红色名录》：LC

《中国生物多样性红色名录》：LC

数据来源：第二次全国陆生野生动物资源调查；《浙江动物志》编辑委员会，1990b；丽水市野生动物编目调查；宋世和，2015；宋世和，2018

405. 黄眉鹀

黄眉鹀 *Emberiza chrysophrys* Pallas，1776

科：鹀科 Emberizidae

栖息环境：主要栖息于稀疏矮丛及棘丛的开阔地带，通常见于林缘的次生灌丛中

生态类群：鸣禽类

地理区系：古北界

居留类型：冬候鸟

保护等级：浙江省一般保护野生动物

《IUCN 红色名录》：LC

《中国生物多样性红色名录》：LC

数据来源：《浙江动物志》编辑委员会，1990b；丽水市野生动物编目调查；宋世和，2015；宋世和，2018

406. 田鹀

田鹀 *Emberiza rustica* Pallas，1776

科：鹀科 Emberizidae

栖息环境：主要栖息于平原杂木林、人工林、灌木丛和沼泽草甸中，也栖息于低山区和山麓、开阔田野中

生态类群：鸣禽类

地理区系：古北界

居留类型：冬候鸟

保护等级：浙江省一般保护野生动物

《IUCN 红色名录》：VU

《中国生物多样性红色名录》：LC

数据来源：《浙江动物志》编辑委员会，1990b；宋世和，2015；宋世和，2018

407. 黄喉鹀

黄喉鹀 *Emberiza elegans* Temminck，1836

科：鹀科 Emberizidae

栖息环境：栖息于丘陵、山脊的干燥落叶林和针阔叶混交林中，越冬时时常在森林及次生灌丛中活动

生态类群：鸣禽类

地理区系：古北界

居留类型：冬候鸟

保护等级：浙江省一般保护野生动物

《IUCN 红色名录》：LC

《中国生物多样性红色名录》：LC

数据来源：丽水市野生动物编目调查；《浙江动物志》编辑委员会，1990b；宋世和，2015；宋世和，2018

408. 黄胸鹀

黄胸鹀 *Emberiza aureola* Pallas，1773

科：鹀科 Emberizidae

栖息环境：迁徙和越冬期间栖息于大面积的稻田、芦苇地、高草丛及湿润的荆棘丛中

生态类群：鸣禽类

地理区系：古北界

居留类型:旅鸟

保护等级:国家一级重点保护野生动物

《IUCN 红色名录》:CR

《中国生物多样性红色名录》:EN

数据来源:《浙江动物志》编辑委员会,1990b;龙泉市林业局,2009;《凤阳山志》编委会,2012;洪起平等,2007;宋世和,2015;宋世和,2018

409.黑头鹀

黑头鹀 *Emberiza melanocephala* Scopoli,1769

科:鹀科 Emberizidae

栖息环境:山脚和平原等开阔地带的树丛、灌木丛中,以及路边、旷野、果园、农田

生态类群:鸣禽类

地理区系:古北界

居留类型:迷鸟

保护等级:浙江省一般保护野生动物

《IUCN 红色名录》:LC

《中国生物多样性红色名录》:LC

数据来源:丽水市野生动物编目调查

410.栗鹀

栗鹀 *Emberiza rutila* Pallas,1776

科:鹀科 Emberizidae

栖息环境:有低矮灌丛的开阔针叶林、针阔叶混交林及落叶林

生态类群:鸣禽类

地理区系:古北界

居留类型:旅鸟

保护等级:浙江省一般保护野生动物

《IUCN 红色名录》:LC

《中国生物多样性红色名录》:LC

数据来源:《浙江动物志》编辑委员会,1990b;宋世和,2015;宋世和,2018

411.硫黄鹀

硫黄鹀 *Emberiza sulphurata* Temminck & Schlegel,1848

科:鹀科 Emberizidae

栖息环境:主要栖息于山麓的落叶林、针阔叶混交林及次生植被,也在山边杂林、草甸灌丛、公园、苗圃、篱笆、山间耕地附近的小树和灌丛中

生态类群:鸣禽类

地理区系:古北界

居留类型:旅鸟

保护等级:浙江省一般保护野生动物

《IUCN 红色名录》:VU

《中国生物多样性红色名录》:VU

数据来源:宋世和,2018

412.灰头鹀

灰头鹀 *Emberiza spodocephala* Pallas,1776

科:鹀科 Emberizidae

栖息环境:主要栖息于山区河谷与溪流两岸、平原沼泽地的疏林和灌丛中,也见于山边杂林、草甸灌丛、山间耕地、公园、苗圃和篱笆上

生态类群:鸣禽类

地理区系:古北界

居留类型:冬候鸟

保护等级:浙江省一般保护野生动物

《IUCN 红色名录》:LC

《中国生物多样性红色名录》:LC

数据来源:第二次全国陆生野生动物资源调查;《浙江动物志》编辑委员会,1990b;丽水市野生动物编目调查;龙泉市林业局,2009;《凤阳山志》编委会,2012;洪起平等,2007;宋世和,2015;宋世和,2018

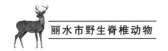

413. 苇鹀

苇鹀 *Emberiza pallasi*（Cabanis，1851）

科：鹀科 Emberizidae

栖息环境：多栖息于平原沼泽及溪流旁的柳丛、芦苇中，丘陵和平原的灌丛中

生态类群：鸣禽类

地理区系：古北界

居留类型：冬候鸟

保护等级：浙江省一般保护野生动物

《IUCN 红色名录》：LC

《中国生物多样性红色名录》：LC

数据来源：宋世和，2018

414. 芦鹀

芦鹀 *Emberiza schoeniclus*（Linnaeus，1758）

科：鹀科 Emberizidae

栖息环境：主要栖息于低山丘陵和平原地区的河流、湖泊、草地、沼泽、芦苇塘等开阔地带的灌丛与芦苇丛中

生态类群：鸣禽类

地理区系：古北界

居留类型：冬候鸟

保护等级：浙江省一般保护野生动物

《IUCN 红色名录》：LC

《中国生物多样性红色名录》：LC

数据来源：宋世和，2018

第8章 兽类编目

根据丽水市野生动物编目调查及各方面文献、数据资料,丽水市共分布兽类8目23科75种,占浙江省记录兽类总数的67.0%。

丽水市兽类物种中,东洋界物种8目20科60种,占兽类总数的80.0%;古北界物种5目7科15种,占兽类总数的20.0%。区系成分上,东洋界物种占绝对优势,主要表现出东洋界物种为主、东洋界和古北界物种相互渗透的区系特征,与丽水市处于古北东洋界过渡区域的物种特征相一致,同时也表现出较为明显的山地丘陵物种特征。

一、劳亚食虫目 EULIPOTYPHLA

1. 东北刺猬

东北刺猬 *Erinaceus amurensis* Schrenk,1859

目:劳亚食虫目 EULIPOTYPHLA

科:刺猬科 Erinaceidae

生境:山地森林、平原草地、农作区、灌木等

生态类群:陆栖类

地理区系:古北界

保护等级:无

《IUCN 红色名录》:LC

《中国生物多样性红色名录》:LC

数据来源:《浙江动物志》编辑委员会,1988;夏丽敏等,2018;蒋志刚等,2015;陈小荣等,2013;Smith A T et al,2009;丽水市野生动物编目调查

2. 华南缺齿鼹

华南缺齿鼹 *Mogera insularis* (Swinhoe,1863)

目:劳亚食虫目 EULIPOTYPHLA

科:鼹科 Talpidae

生境:湿润山地森林

生态类群:穴居类

地理区系:东洋界

保护等级:无

《IUCN 红色名录》:LC

《中国生物多样性红色名录》:LC

数据来源:《浙江动物志》编辑委员会,1988;夏丽敏等,2018;蒋志刚等,2015;陈小荣等,2013;Smith A T et al,2009

3. 利安得水麝鼩

利安得水麝鼩 *Chimarrogale leander* Thomas,1902

目:劳亚食虫目 EULIPOTYPHLA

科:鼩鼱科 Soricidae

生境:森林

生态类群:陆栖类

地理区系:东洋界

保护等级:无

《IUCN 红色名录》:LC

《中国生物多样性红色名录》:LC

数据来源:《浙江动物志》编辑委员会,1988;夏丽敏等,2018;蒋志刚等,

2015;丽水市野生动物编目调查

4. 臭鼩

臭鼩 *Suncus murinus*（Linnaeus，1766）

目：劳亚食虫目 EULIPOTYPHLA

科：鼩鼱科 Soricidae

生境：耕地、池塘、灌丛、森林、沼泽

生态类群：陆栖类

地理区系：东洋界

保护等级：无

《IUCN 红色名录》：LC

《中国生物多样性红色名录》：LC

数据来源：《浙江动物志》编辑委员会，1988；蒋志刚等，2015；陈小荣等，2013

5. 灰麝鼩

灰麝鼩 *Crocidura attenuate* Milne-Edwards，1872

目：劳亚食虫目 EULIPOTYPHLA

科：鼩鼱科 Soricidae

生境：低地/山地森林、草地、灌丛

生态类群：陆栖类

地理区系：东洋界

保护等级：无

《IUCN 红色名录》：LC

《中国生物多样性红色名录》：LC

数据来源：《浙江动物志》编辑委员会，1988；蒋志刚等，2015；陈小荣等，2013；Smith A T et al，2009；丽水市野

生动物编目调查

6. 大麝鼩

大麝鼩 *Crocidura lasiura* Dobson，1890

目：劳亚食虫目 EULIPOTYPHLA

科：鼩鼱科 Soricidae

生境：森林、沼泽、草地、灌丛、耕地

生态类群：陆栖类

地理区系：东洋界

保护等级：无

《IUCN 红色名录》：LC

《中国生物多样性红色名录》：NT

数据来源：丽水市野生动物编目调查

7. 山东小麝鼩

山东小麝鼩 *Crocidura shantungensis* Miller，1901

目：劳亚食虫目 EULIPOTYPHLA

科：鼩鼱科 Soricidae

生境：草地、森林

生态类群：陆栖类

地理区系：古北界

保护等级：无

《IUCN 红色名录》：LC

《中国生物多样性红色名录》：LC

数据来源：《浙江动物志》编辑委员会，1988；夏丽敏等，2018；蒋志刚等，2015；陈小荣等，2013；Smith A T et al，2009；丽水市野生动物编目调查

二、灵长目 PRIMATES

8. 猕猴

猕猴 *Macaca mulatta*（Zimmermann，1780）

目：灵长目 PRIMATES

科：猴科 Cercopithecidae

生境：森林、灌丛、种植园等

生态类群：陆栖类

地理区系：东洋界

保护等级：国家二级重点保护野生动物；CITES 附录 Ⅱ

《IUCN 红色名录》：LC

《中国生物多样性红色名录》：LC

数据来源:《浙江动物志》编辑委员会,1988;李佳等,2018;郑伟成等,2014;夏丽敏等,2018;蒋志刚等,2015;陈小荣等,2013;张家银等,2009;高欣等,2006;Smith A T et al,2009;丽水市野生动物编目调查

9. 藏酋猴

藏酋猴 *Macaca thibetana* (Milne-Edwards,1870)

目:灵长目 PRIMATES
科:猴科 Cercopithecidae
生境:亚热带湿润山地森林、洞穴、次生林
生态类群:陆栖类
地理区系:东洋界
保护等级:国家二级重点保护野生动物;CITES 附录Ⅱ
《IUCN 红色名录》:NT
《中国生物多样性红色名录》:VU
数据来源:《浙江动物志》编辑委员会,1988;郑伟成等,2014;夏丽敏等,2018;蒋志刚等,2015;陈小荣等,2013;张家银等,2009;高欣等,2006;Smith A T et al,2009;丽水市野生动物编目调查

三、鳞甲目 PHOLIDOTA

10. 穿山甲

穿山甲 *Manis pentadactyla* Linnaeus,1758

目:鳞甲目 PHOLIDOTA
科:鲮鲤科 Manidae
生境:森林、灌丛、草地
生态类群:陆栖类
地理区系:东洋界
保护等级:国家一级重点保护野生动物;CITES 附录Ⅰ
《IUCN 红色名录》:CR
《中国生物多样性红色名录》:CR
数据来源:《浙江动物志》编辑委员会,1988;夏丽敏等,2018;蒋志刚等,2015;陈小荣等,2013;张家银等,2009;高欣等,2006;Smith A T et al,2009;丽水市野生动物编目调查

四、兔形目 LAGOMORPHA

11. 华南兔

华南兔 *Lepus sinensis* Gray,1832
目:兔形目 LAGOMORPHA
科:兔科 Leporidae
生境:林缘、灌丛、草地、农田
生态类群:陆栖类
地理区系:东洋界
保护等级:浙江省一般保护野生动物
《IUCN 红色名录》:LC
《中国生物多样性红色名录》:LC
数据来源:《浙江动物志》编辑委员会,1988;李佳等,2018;郑伟成等,2014;夏丽敏等,2018;蒋志刚等,2015;陈小荣等,2013;Smith A T et al,2009;丽水市野生动物编目调查

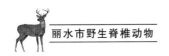

五、啮齿目 RODENTIA

12. 赤腹松鼠

赤腹松鼠 *Callosciurus erythraeus* (Pallas,1779)

目:啮齿目 RODENTIA

科:松鼠科 Sciuridae

生境:低地森林、针阔叶混交林

生态类群:树栖型

地理区系:东洋界

保护等级:浙江省一般保护野生动物

《IUCN 红色名录》:LC

《中国生物多样性红色名录》:LC

数据来源:《浙江动物志》编辑委员会,1988;李佳等,2018;郑伟成等,2014;夏丽敏等,2018;蒋志刚等,2015;陈小荣等,2013;Smith A T et al,2009;丽水市野生动物编目调查

13. 倭花鼠

倭花鼠 *Tamiops maritimus* (Bonhote, 1900)

目:啮齿目 RODENTIA

科:松鼠科 Sciuridae

生境:森林、次生林

生态类群:树栖型

地理区系:东洋界

保护等级:浙江省一般保护野生动物

《IUCN 红色名录》:LC

《中国生物多样性红色名录》:LC

数据来源:《浙江动物志》编辑委员会,1988;李佳等,2018;郑伟成等,2014;夏丽敏等,2018;蒋志刚等,2015;陈小荣等,2013;Smith A T et al,2009;丽水市野生动物编目调查

14. 珀氏长吻松鼠

珀氏长吻松鼠 *Dremomys pernyi* (Milne-Edwards,1867)

目:啮齿目 RODENTIA

科:松鼠科 Sciuridae

生境:森林

生态类群:树栖型

地理区系:东洋界

保护等级:浙江省一般保护野生动物

《IUCN 红色名录》:LC

《中国生物多样性红色名录》:LC

数据来源:《浙江动物志》编辑委员会,1988;李佳等,2018;夏丽敏等,2018;蒋志刚等,2015;陈小荣等,2013;Smith A T et al,2009;丽水市野生动物编目调查

15. 黑白飞鼠

黑白飞鼠 *Hylopetes alboniger* (Hodgson,1836)

目:啮齿目 RODENTIA

科:松鼠科 Sciuridae

生境:森林

生态类群:树栖型

地理区系:东洋界

保护等级:浙江省重点保护野生动物

《IUCN 红色名录》:LC

《中国生物多样性红色名录》:NT

数据来源:《浙江动物志》编辑委员会,1988;蒋志刚等,2015;陈小荣等,2013;Smith A T et al,2009

16. 红背鼯鼠

红背鼯鼠 *Petaurista petaurista* (Pallas,1766)

目:啮齿目 RODENTIA

科:松鼠科 Sciuridae

生境:低地/山地森林、峭壁

生态类群:树栖型

地理区系:东洋界

保护等级:浙江省重点保护野生动物

《IUCN 红色名录》:LC

《中国生物多样性红色名录》:VU

数据来源:《浙江动物志》编辑委员会,1988;蒋志刚等,2015;陈小荣等,2013;Smith A T et al,2009

17. 黑腹绒鼠

黑腹绒鼠 *Eothenomys melanogaster* (Milne-Edwards,1871)

目:啮齿目 RODENTIA

科:仓鼠科 Cricetidae

生境:灌丛

生态类群:陆栖类

地理区系:东洋界

保护等级:无

《IUCN 红色名录》:LC

《中国生物多样性红色名录》:LC

数据来源:《浙江动物志》编辑委员会,1988;夏丽敏等,2018;蒋志刚等,2015;陈小荣等,2013;Smith A T et al,2009;丽水市野生动物编目调查

18. 中华竹鼠

中华竹鼠 *Rhizomys sinensis* Gray,1831

目:啮齿目 RODENTIA

科:鼹形鼠科 Spalacidae

生境:竹林、松树林

生态类群:穴居类

地理区系:东洋界

保护等级:浙江省一般保护野生动物

《IUCN 红色名录》:LC

《中国生物多样性红色名录》:LC

数据来源:《浙江动物志》编辑委员

会,1988;夏丽敏等,2018;蒋志刚等,2015

19. 巢鼠

巢鼠 *Micromys minutus* (Pallas,1771)

目:啮齿目 RODENTIA

科:鼠科 Muridae

生境:农田、竹林

生态类群:陆栖类

地理区系:东洋界

保护等级:无

《IUCN 红色名录》:LC

《中国生物多样性红色名录》:LC

数据来源:《浙江动物志》编辑委员会,1988;夏丽敏等,2018;蒋志刚等,2015;陈小荣等,2013;Smith A T et al,2009;丽水市野生动物编目调查

20. 黑线姬鼠

黑线姬鼠 *Apodemus agrarius* (Pallas,1771)

目:啮齿目 RODENTIA

科:鼠科 Muridae

生境:耕地、草地、森林

生态类群:陆栖类

地理区系:古北界

保护等级:无

《IUCN 红色名录》:LC

《中国生物多样性红色名录》:LC

数据来源:《浙江动物志》编辑委员会,1988;蒋志刚等,2015;陈小荣等,2013;Smith A T et al,2009;丽水市野生动物编目调查

21. 中华姬鼠

中华姬鼠 *Apodemus draco* (Barrett-Hamilton,1900)

目:啮齿目 RODENTIA

科:鼠科 Muridae

生境:森林

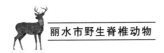

生态类群:陆栖类

地理区系:东洋界

保护等级:无

《IUCN 红色名录》:LC

《中国生物多样性红色名录》:LC

数据来源:《浙江动物志》编辑委员会,1988;蒋志刚等,2015;陈小荣等,2013;Smith A T et al,2009

22. 小家鼠

小家鼠 *Mus musculus* Linnaeus,1758

目:啮齿目 RODENTIA

科:鼠科 Muridae

生境:人工生境

生态类群:陆栖类

地理区系:古北界

保护等级:无

《IUCN 红色名录》:LC

《中国生物多样性红色名录》:LC

数据来源:《浙江动物志》编辑委员会,1988;夏丽敏等,2018;蒋志刚等,2015;陈小荣等,2013;丽水市野生动物编目调查

23. 黄胸鼠

黄胸鼠 *Rattus tanezunmi* Temminck,1844

目:啮齿目 RODENTIA

科:鼠科 Muridae

生境:农田

生态类群:陆栖类

地理区系:东洋界

保护等级:无

《IUCN 红色名录》:LC

《中国生物多样性红色名录》:LC

数据来源:《浙江动物志》编辑委员会,1988;蒋志刚等,2015;陈小荣等,2013;丽水市野生动物编目调查

24. 褐家鼠

褐家鼠 *Rattus norvegicus*(Berkenhout,1769)

目:啮齿目 RODENTIA

科:鼠科 Muridae

生境:人工生境

生态类群:陆栖类

地理区系:古北界

保护等级:无

《IUCN 红色名录》:LC

《中国生物多样性红色名录》:LC

数据来源:《浙江动物志》编辑委员会,1988;夏丽敏等,2018;蒋志刚等,2015;陈小荣等,2013;Smith A T et al,2009;丽水市野生动物编目调查

25. 黄毛鼠

黄毛鼠 *Rattus losea*(Swinhoe,1871)

目:啮齿目 RODENTIA

科:鼠科 Muridae

生境:草地、灌丛、红树林、耕地

生态类群:陆栖类

地理区系:东洋界

保护等级:无

《IUCN 红色名录》:LC

《中国生物多样性红色名录》:LC

数据来源:《浙江动物志》编辑委员会,1988;夏丽敏等,2018;蒋志刚等,2015;陈小荣等,2013;Smith A T et al,2009;丽水市野生动物编目调查

26. 大足鼠

大足鼠 *Rattus nitidus*(Hodgson,1845)

目:啮齿目 RODENTIA

科:鼠科 Muridae

生境:农田、溪流边

生态类群:陆栖类

地理区系:东洋界

保护等级:无

《IUCN 红色名录》:LC

《中国生物多样性红色名录》:LC

数据来源:《浙江动物志》编辑委员会,1988;夏丽敏等,2018;蒋志刚等,2015;陈小荣等,2013;Smith A T et al,2009;丽水市野生动物编目调查

27. 针毛鼠

针毛鼠 *Niviventer fulvescens*(Gray,1847)

目:啮齿目 RODENTIA

科:鼠科 Muridae

生境:森林、灌丛、竹林、耕地

生态类群:陆栖类

地理区系:东洋界

保护等级:无

《IUCN 红色名录》:LC

《中国生物多样性红色名录》:LC

数据来源:《浙江动物志》编辑委员会,1988;夏丽敏等,2018;陈小荣等,2013;Smith A T et al,2009;丽水市野生动物编目调查

28. 北社鼠

北社鼠 *Niviventer confucianus*(Milne-Edwards,1871)

目:啮齿目 RODENTIA

科:鼠科 Muridae

生境:森林、耕地

生态类群:陆栖类

地理区系:东洋界

保护等级:无

《IUCN 红色名录》:LC

《中国生物多样性红色名录》:LC

数据来源:《浙江动物志》编辑委员会,1988;夏丽敏等,2018;蒋志刚等,2015;陈小荣等,2013;Smith A T et al,2009;丽水市野生动物编目调查

29. 白腹巨鼠

白腹巨鼠 *Leopoldamys edwardsi*(Thomas,1882)

目:啮齿目 RODENTIA

科:鼠科 Muridae

生境:亚热带湿润低地/山地森林

生态类群:陆栖类

地理区系:东洋界

保护等级:无

《IUCN 红色名录》:LC

《中国生物多样性红色名录》:LC

数据来源:《浙江动物志》编辑委员会,1988;夏丽敏等,2018;蒋志刚等,2015;陈小荣等,2013;丽水市野生动物编目调查

30. 青毛巨鼠

青毛巨鼠 *Berylmys bowersi*(Anderson,1879)

目:啮齿目 RODENTIA

科:鼠科 Muridae

生境:森林、次生林、灌丛、耕地

生态类群:陆栖类

地理区系:东洋界

保护等级:无

《IUCN 红色名录》:LC

《中国生物多样性红色名录》:LC

数据来源:《浙江动物志》编辑委员会,1988;夏丽敏等,2018;蒋志刚等,2015;陈小荣等,2013;Smith A T et al,2009;丽水市野生动物编目调查

31. 中国豪猪

中国豪猪 *Hystrix hodgsoni* Gray,1847

目:啮齿目 RODENTIA

科:豪猪科 Hystricidae

生境:森林

生态类群:陆栖类

地理区系:东洋界

保护等级:浙江省重点保护野生动物

《IUCN 红色名录》:LC

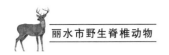

《中国生物多样性红色名录》:LC

数据来源:《浙江动物志》编辑委员会,1988;夏丽敏等,2018;蒋志刚等,

2015;陈小荣等,2013;丽水市野生动物编目调查

六、食肉目 CARNIVORA

32. 狼

狼 *Canis lupus* Linnaeus,1758

目:食肉目 CARNIVORA

科:犬科 Canidae

生境:山区丘陵地带的森林、灌丛、草丛

生态类群:陆栖类

地理区系:古北界

保护等级:国家二级重点保护野生动物;CITES 附录 Ⅱ

《IUCN 红色名录》:LC

《中国生物多样性红色名录》:NT

数据来源:《浙江动物志》编辑委员会,1988;蒋志刚等,2015;陈小荣等,2013;Smith A T et al,2009

33. 赤狐

赤狐 *Vulpes vulpes*(Linnaeus,1758)

目:食肉目 CARNIVORA

科:犬科 Canidae

生境:森林、灌丛等

生态类群:陆栖类

地理区系:古北界

保护等级:国家二级重点保护野生动物

《IUCN 红色名录》:LC

《中国生物多样性红色名录》:NT

数据来源:《浙江动物志》编辑委员会,1988;蒋志刚等,2015;陈小荣等,2013;Smith A T et al,2009

34. 豺

豺 *Cuon alpinus*(Pallas,1811)

目:食肉目 CARNIVORA

科:犬科 Canidae

生境:森林、灌丛

生态类群:陆栖类

地理区系:古北界

保护等级:国家一级重点保护野生动物;CITES 附录 Ⅱ

《IUCN 红色名录》:EN

《中国生物多样性红色名录》:EN

数据来源:《浙江动物志》编辑委员会,1988;夏丽敏等,2018;蒋志刚等,2015;陈小荣等,2013;张家银等,2009;高欣等,2006;Smith A T et al,2009;

35. 貉

貉 *Nyctereutes procyonoides*(Gray,1834)

目:食肉目 CARNIVORA

科:犬科 Canidae

生境:森林、溪流、灌丛、草甸

生态类群:陆栖类

地理区系:古北界

保护等级:国家二级重点保护野生动物

《IUCN 红色名录》:LC

《中国生物多样性红色名录》:NT

数据来源:《浙江动物志》编辑委员会,1988;夏丽敏等,2018;蒋志刚等,2015;陈小荣等,2013;丽水市野生动物编目调查

36. 黑熊

黑熊 *Ursus thibetanus* Cuvier,1823

目:食肉目 CARNIVORA

科:熊科 Ursidae

生境：山地森林、针阔叶混交林

生态类群：陆栖类

地理区系：东洋界

保护等级：国家二级重点保护野生动物；CITES 附录 Ⅰ

《IUCN 红色名录》：VU

《中国生物多样性红色名录》：VU

数据来源：《浙江动物志》编辑委员会，1988；蒋志刚等，2015；张家银等，2009；Smith A T et al，2009；丽水市野生动物编目调查

37. 黄喉貂

黄喉貂 *Martes flavigula*（Boddaert，1785）

目：食肉目 CARNIVORA

科：鼬科 Mustelidae

生境：湿润低地森林

生态类群：陆栖类

地理区系：古北界

保护等级：国家二级重点保护野生动物；CITES 附录 Ⅲ

《IUCN 红色名录》：LC

《中国生物多样性红色名录》：NT

数据来源：《浙江动物志》编辑委员会，1988；夏丽敏等，2018；蒋志刚等，2015；陈小荣等，2013；张家银等，2009；高欣等，2006；Smith A T et al，2009；丽水市野生动物编目调查

38. 黄腹鼬

黄腹鼬 *Mustela kathiah* Hodgson，1835

目：食肉目 CARNIVORA

科：鼬科 Mustelidae

生境：森林、次生林

生态类群：陆栖类

地理区系：东洋界

保护等级：浙江省重点保护野生动物；CITES 附录 Ⅲ

《IUCN 红色名录》：LC

《中国生物多样性红色名录》：NT

数据来源：《浙江动物志》编辑委员会，1988；李佳等，2018；郑伟成等，2014；夏丽敏等，2018；蒋志刚等，2015；陈小荣等，2013；Smith A T et al，2009；丽水市野生动物编目调查

39. 黄鼬

黄鼬 *Mustela sibirica* Pallas，1773

目：食肉目 CARNIVORA

科：鼬科 Mustelidae

生境：森林、次生林、沼泽、耕地

生态类群：陆栖类

地理区系：古北界

保护等级：浙江省重点保护野生动物；CITES 附录 Ⅲ

《IUCN 红色名录》：LC

《中国生物多样性红色名录》：LC

数据来源：《浙江动物志》编辑委员会，1988；李佳等，2018；夏丽敏等，2018；蒋志刚等，2015；陈小荣等，2013；张家银等，2009；Smith A T et al，2009；丽水市野生动物编目调查

40. 鼬獾

鼬獾 *Melogale moschata*（Gray，1831）

目：食肉目 CARNIVORA

科：鼬科 Mustelidae

生境：低地森林、草地、耕地

生态类群：陆栖类

地理区系：东洋界

保护等级：浙江省一般保护野生动物

《IUCN 红色名录》：LC

《中国生物多样性红色名录》：NT

数据来源：《浙江动物志》编辑委员会，1988；李佳等，2018；郑伟成等，2014；夏丽敏等，2018；蒋志刚等，2015；

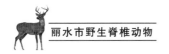

陈小荣等,2013;张家银等,2009;Smith A T et al,2009;丽水市野生动物编目调查

41. 亚洲狗獾

亚洲狗獾 *Meles leucurus* Linnaeus,1758

目:食肉目CARNIVORA

科:鼬科Mustelidae

生境:森林、灌丛、耕地、草地、半荒漠

生态类群:陆栖类

地理区系:古北界

保护等级:浙江省一般保护野生动物

《IUCN红色名录》:LC

《中国生物多样性红色名录》:NT

数据来源:《浙江动物志》编辑委员会,1988;夏丽敏等,2018;蒋志刚等,2015;陈小荣等,2013;张家银等,2009;Smith A T et al,2009;丽水市野生动物编目调查

42. 猪獾

猪獾 *Arctonyx collaris* F. G. Cuvier,1825

目:食肉目CARNIVORA

科:鼬科Mustelidae

生境:森林

生态类群:陆栖类

地理区系:东洋界

保护等级:浙江省一般保护野生动物

《IUCN红色名录》:NT

《中国生物多样性红色名录》:NT

数据来源:《浙江动物志》编辑委员会,1988;李佳等,2018;夏丽敏等,2018;蒋志刚等,2015;陈小荣等,2013;Smith A T et al,2009;丽水市野生动物编目调查

43. 水獭

水獭 *Lutra lutra*(Linnaeus,1758)

目:食肉目CARNIVORA

科:鼬科Mustelidae

生境:池塘、沼泽、溪流边、江河

生态类群:水栖类

地理区系:东洋界

保护等级:国家二级重点保护野生动物;CITES附录Ⅱ

《IUCN红色名录》:NT

《中国生物多样性红色名录》:EN

数据来源:《浙江动物志》编辑委员会,1988;蒋志刚等,2015;陈小荣等,2013;高欣等,2006;Smith A T et al,2009

44. 大灵猫

大灵猫 *Viverra zibetha* Linnaeus,1758

目:食肉目CARNIVORA

科:灵猫科Viverridae

生境:森林、灌丛

生态类群:陆栖类

地理区系:东洋界

保护等级:国家一级重点保护野生动物;CITES附录Ⅲ

《IUCN红色名录》:LC

《中国生物多样性红色名录》:VU

数据来源:《浙江动物志》编辑委员会,1988;蒋志刚等,2015;陈小荣等,2013;张家银等,2009;高欣等,2006;Smith A T et al,2009

45. 小灵猫

小灵猫 *Viverricula indica* E. Geoffroy Saint-Hilaire,1803

目:食肉目CARNIVORA

科:灵猫科Viverridae

生境:草地、灌丛

生态类群:陆栖类

地理区系:东洋界

保护等级:国家一级重点保护野生动物;CITES 附录Ⅲ

《IUCN 红色名录》:LC

《中国生物多样性红色名录》:VU

数据来源:《浙江动物志》编辑委员会,1988;夏丽敏等,2018;蒋志刚等,2015;陈小荣等,2013;张家银等,2009;高欣等,2006;Smith A T et al,2009;丽水市野生动物编目调查

46. 果子狸

果子狸 *Paguma larvata*(C. E. H. Smith,1827)

目:食肉目 CARNIVORA

科:灵猫科 Viverridae

生境:森林、农田

生态类群:陆栖类

地理区系:东洋界

保护等级:浙江省重点保护野生动物;CITES 附录Ⅲ

《IUCN 红色名录》:LC

《中国生物多样性红色名录》:NT

数据来源:《浙江动物志》编辑委员会,1988;李佳等,2018;郑伟成等,2014;夏丽敏等,2018;蒋志刚等,2015;陈小荣等,2013;Smith A T et al,2009;丽水市野生动物编目调查

47. 食蟹獴

食蟹獴 *Herpestes urva*(Hodgson,1836)

目:食肉目 CARNIVORA

科:獴科 Herpestidae

生境:森林、农田、溪流边

生态类群:陆栖类

地理区系:东洋界

保护等级:浙江省重点保护野生动物;CITES 附录Ⅲ

《IUCN 红色名录》:LC

《中国生物多样性红色名录》:NT

数据来源:《浙江动物志》编辑委员会,1988;李佳等,2018;夏丽敏等,2018;蒋志刚等,2015;陈小荣等,2013;Smith A T et al,2009;丽水市野生动物编目调查

48. 豹猫

豹猫 *Prionailurus bengalensis*(Kerr,1792)

目:食肉目 CARNIVORA

科:猫科 Felidae

生境:森林、灌丛、次生林等

生态类群:陆栖类

地理区系:东洋界

保护等级:国家二级重点保护野生动物;CITES 附录Ⅱ

《IUCN 红色名录》:LC

《中国生物多样性红色名录》:VU

数据来源:《浙江动物志》编辑委员会,1988;李佳等,2018;郑伟成等,2014;夏丽敏等,2018;蒋志刚等,2015;陈小荣等,2013;Smith A T et al,2009;丽水市野生动物编目调查

49. 金猫

金猫 *Pardofelis temminckii*(Vigors & Horsfield,1827)

目:食肉目 CARNIVORA

科:猫科 Felidae

生境:森林、草地、灌丛

生态类群:陆栖类

地理区系:东洋界

保护等级:国家一级重点保护野生动物;CITES 附录Ⅰ

《IUCN 红色名录》:NT

《中国生物多样性红色名录》:CR

数据来源:《浙江动物志》编辑委员会,1988;蒋志刚等,2015;陈小荣等,2013;张家银等,2009;高欣等,2006;

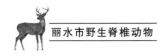

Smith A T et al,2009

50. 云豹

云豹 *Neofelis nebulosa*（Griffith, 1821）

目：食肉目 CARNIVORA

科：猫科 Felidae

生境：森林、次生林

生态类群：陆栖类

地理区系：东洋界

保护等级：国家一级重点保护野生动物；CITES 附录Ⅰ

《IUCN 红色名录》：VU

《中国生物多样性红色名录》：CR

数据来源：《浙江动物志》编辑委员会,1988;夏丽敏等,2018;蒋志刚等,2015;陈小荣等,2013;张家银等,2009;高欣等,2006;Smith A T et al,2009

51. 金钱豹

金钱豹 *Panthera pardus* Linnaeus, 1758

目：食肉目 CARNIVORA

科：猫科 Felidae

生境：灌丛、森林

生态类群：陆栖类

地理区系：东洋界

保护等级：国家一级重点保护野生动物；CITES 附录Ⅰ

《IUCN 红色名录》：VU

《中国生物多样性红色名录》：EN

数据来源：《浙江动物志》编辑委员会,1988;夏丽敏等,2018;蒋志刚等,2015;陈小荣等,2013;张家银等,2009;Smith A T et al,2009

52. 虎

虎 *Panthera tigris*（Linnaeus, 1758）

目：食肉目 CARNIVORA

科：猫科 Felidae

生境：近水的针阔叶混交林和灌丛

生态类群：陆栖类

地理区系：东洋界

保护等级：国家一级重点保护野生动物；CITES 附录Ⅰ

《IUCN 红色名录》：EN

《中国生物多样性红色名录》：CR

数据来源：《浙江动物志》编辑委员会,1988;Smith A T et al,2009

七、偶蹄目 ARTIODACTYLA

53. 野猪

野猪 *Sus scrofa* Linnaeus,1758

目：偶蹄目 ARTIODACTYLA

科：猪科 Suidae

生境：阔叶林、针阔叶混交林、灌丛、草丛

生态类群：陆栖类

地理区系：古北界

保护等级：浙江省一般保护野生动物

《IUCN 红色名录》：LC

《中国生物多样性红色名录》：LC

数据来源：《浙江动物志》编辑委员会,1988;李佳等,2018;郑伟成等,2014;夏丽敏等,2018;蒋志刚等,2015;陈小荣等,2013;张家银等,2009;Smith A T et al,2009;丽水市野生动物编目调查

54. 毛冠鹿

毛冠鹿 *Elaphodus cephalophus* Milne-Edwards,1872

目：偶蹄目 ARTIODACTYLA

科：鹿科 Cervidae

生境:森林、草甸

生态类群:陆栖类

地理区系:东洋界

保护等级:国家二级重点保护野生动物

《IUCN 红色名录》:NT

《中国生物多样性红色名录》:VU

数据来源:《浙江动物志》编辑委员会,1988;蒋志刚等,2015;陈小荣等,2013;张家银等,2009;Smith A T et al,2009

55. 黑麂

黑麂 *Muntiacus crinifrons*(Sclater,1885)

目:偶蹄目 ARTIODACTYLA

科:鹿科 Cervidae

生境:森林

生态类群:陆栖类

地理区系:东洋界

保护等级:国家重点保护野生动物等级:一级;CITES 附录Ⅰ

《IUCN 红色名录》:NT

《中国生物多样性红色名录》:EN

数据来源:《浙江动物志》编辑委员会,1988;李佳等,2018;郑伟成等,2014;夏丽敏等,2018;蒋志刚等,2015;郑祥等,2005;季国华等,2015;陈小荣等,2013;张家银等,2009;高欣等,2006;Smith A T et al,2009;丽水市野生动物编目调查

56. 小麂

小麂 *Muntiacus reevesi*(Ogilby,1839)

目:偶蹄目 ARTIODACTYLA

科:鹿科 Cervidae

生境:灌丛、内陆岩石区域、森林

生态类群:陆栖类

地理区系:东洋界

保护等级:浙江省一般保护野生动物

《IUCN 红色名录》:LC

《中国生物多样性红色名录》:VU

数据来源:《浙江动物志》编辑委员会,1988;李佳等,2018;郑伟成等,2014;夏丽敏等,2018;蒋志刚等,2015;陈小荣等,2013;张家银等,2009;Smith A T et al,2009;丽水市野生动物编目调查

57. 中华斑羚

中华斑羚 *Naemorhedus griseus*(Milne-Edwards,1871)

目:偶蹄目 ARTIODACTYLA

科:牛科 Bovidae

生境:峭壁、森林

生态类群:陆栖类

地理区系:东洋界

保护等级:国家二级重点保护野生动物;CITES 附录Ⅰ

《IUCN 红色名录》:VU

《中国生物多样性红色名录》:VU

数据来源:《浙江动物志》编辑委员会,1988;蒋志刚等,2015;张家银等,2009;高欣等,2006;丽水市野生动物编目调查

58. 中华鬣羚

中华鬣羚 *Capricornis milneedwardsii* David,1869

目:偶蹄目 ARTIODACTYLA

科:牛科 Bovidae

生境:森林、内陆岩石区域、盐碱地、峭壁

生态类群:陆栖类

地理区系:东洋界

保护等级:国家二级重点保护野生动物;CITES 附录Ⅰ

《IUCN 红色名录》:NT

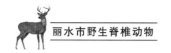

《中国生物多样性红色名录》:VU

数据来源:《浙江动物志》编辑委员会,1988;李佳等,2018;郑伟成等,2014;夏丽敏等,2018;蒋志刚等,2015;

陈小荣等,2013;张家银等,2009;高欣等,2006;Smith A T et al,2009;丽水市野生动物编目调查

八、翼手目 CHIROPTERA

59. 中菊头蝠

中菊头蝠 *Rhinolophus affinis* Horsfield,1823

目:翼手目 CHIROPTERA
科:菊头蝠科 Rhinolophidae
生境:洞穴、耕地、森林
生态类群:飞行类
地理区系:东洋界
保护等级:浙江省一般保护野生动物
《IUCN 红色名录》:LC
《中国生物多样性红色名录》:LC
数据来源:蒋志刚等,2015

60. 大菊头蝠

大菊头蝠 *Rhinolophus luctus* Temminck,1834

目:翼手目 CHIROPTERA
科:菊头蝠科 Rhinolophidae
生境:森林、人造建筑
生态类群:飞行类
地理区系:东洋界
保护等级:浙江省一般保护野生动物
《IUCN 红色名录》:LC
《中国生物多样性红色名录》:NT
数据来源:蒋志刚等,2015;丽水市野生动物编目调查

61. 大耳菊头蝠

大耳菊头蝠 *Rhinolophus macrotis* Blyth,1844

目:翼手目 CHIROPTERA

科:菊头蝠科 Rhinolophidae
生境:洞穴
生态类群:飞行类
地理区系:东洋界
保护等级:浙江省一般保护野生动物
《IUCN 红色名录》:LC
《中国生物多样性红色名录》:LC
数据来源:蒋志刚等,2015;丽水市野生动物编目调查

62. 皮氏菊头蝠

皮氏菊头蝠 *Rhinolophus pearsoni* Horsfield,1851

目:翼手目 CHIROPTERA
科:菊头蝠科 Rhinolophidae
生境:洞穴、森林、种植园、竹林
生态类群:飞行类
地理区系:东洋界
保护等级:浙江省一般保护野生动物
《IUCN 红色名录》:LC
《中国生物多样性红色名录》:LC
数据来源:《浙江动物志》编辑委员会,1988;夏丽敏等,2018;蒋志刚等,2015;陈小荣等,2013;Smith A T et al,2009;丽水市野生动物编目调查

63. 小菊头蝠

小菊头蝠 *Rhinolophus pusillus* Temminck,1834

目:翼手目 CHIROPTERA
科:菊头蝠科 Rhinolophidae

生境:洞穴、森林、人造建筑、竹林

生态类群:飞行类

地理区系:东洋界

保护等级:浙江省一般保护野生动物

《IUCN 红色名录》:LC

《中国生物多样性红色名录》:LC

数据来源:夏丽敏等,2018;蒋志刚等,2015;丽水市野生动物编目调查

64. 中华菊头蝠

中华菊头蝠 *Rhinolophus sinicus* K. Andersen,1905

目:翼手目 CHIROPTERA

科:菊头蝠科 Rhinolophidae

生境:山地森林、洞穴、人造建筑

生态类群:飞行类

地理区系:东洋界

保护等级:浙江省一般保护野生动物

《IUCN 红色名录》:LC

《中国生物多样性红色名录》:LC

数据来源:蒋志刚等,2015;丽水市野生动物编目调查

65. 无尾蹄蝠

无尾蹄蝠 *Coelops hirsutus* Blyth,1848

目:翼手目 CHIROPTERA

科:蹄蝠科 Hipposideridae

生境:森林

生态类群:飞行类

地理区系:东洋界

保护等级:浙江省一般保护野生动物

《IUCN 红色名录》:LC

《中国生物多样性红色名录》:VU

数据来源:丽水市野生动物编目调查

66. 大蹄蝠

大蹄蝠 *Hipposideros armiger* (Hodgson,1835)

目:翼手目 CHIROPTERA

科:蹄蝠科 Hipposideridae

生境:洞穴、人造建筑

生态类群:飞行类

地理区系:东洋界

保护等级:浙江省一般保护野生动物

《IUCN 红色名录》:LC

《中国生物多样性红色名录》:LC

数据来源:《浙江动物志》编辑委员会,1988;蒋志刚等,2015;Smith A T et al,2009;丽水市野生动物编目调查

67. 普氏蹄蝠

普氏蹄蝠 *Hipposideros pratti* Thomas,1891

目:翼手目 CHIROPTERA

科:蹄蝠科 Hipposideridae

生境:洞穴

生态类群:飞行类

地理区系:东洋界

保护等级:浙江省一般保护野生动物

《IUCN 红色名录》:LC

《中国生物多样性红色名录》:NT

数据来源:蒋志刚等,2015;丽水市野生动物编目调查

68. 中华鼠耳蝠

中华鼠耳蝠 *Myotis chinensis* (Tomes,1857)

目:翼手目 CHIROPTERA

科:蝙蝠科 Vespertilionidae

生境:洞穴、喀斯特地貌

生态类群:飞行类

地理区系:东洋界

保护等级:浙江省一般保护野生动物

《IUCN 红色名录》:LC

《中国生物多样性红色名录》:NT

数据来源:《浙江动物志》编辑委员会,1988;蒋志刚等,2015;Smith A T et al,2009;丽水市野生动物编目调查

69. 华南水鼠耳蝠

华南水鼠耳蝠 *Myotis laniger* (Peters,1871)

目:翼手目 CHIROPTERA

科:蝙蝠科 Vespertilionidae

生境:洞穴、森林

生态类群:飞行类

地理区系:古北界

保护等级:浙江省一般保护野生动物

《IUCN 红色名录》:LC

《中国生物多样性红色名录》:LC

数据来源:蒋志刚等,2015;丽水市野生动物编目调查

70. 大足鼠耳蝠

大足鼠耳蝠 *Myotis pilosus* (Peters,1869)

目:翼手目 CHIROPTERA

科:蝙蝠科 Vespertilionidae

生境:次生林、喀斯特地貌、淡水湖、洞穴

生态类群:飞行类

地理区系:东洋界

保护等级:浙江省一般保护野生动物

《IUCN 红色名录》:VU

《中国生物多样性红色名录》:NT

数据来源:蒋志刚等,2015

71. 东亚伏翼

东亚伏翼 *Pipistrellus abramus* (Temminck,1838)

目:翼手目 CHIROPTERA

科:蝙蝠科 Vespertilionidae

生境:人造建筑、森林

生态类群:飞行类

地理区系:东洋界

保护等级:浙江省一般保护野生动物

《IUCN 红色名录》:LC

《中国生物多样性红色名录》:LC

数据来源:《浙江动物志》编辑委员会,1988;夏丽敏等,2018;蒋志刚等,2015;陈小荣等,2013;Smith A T et al,2009;丽水市野生动物编目调查

72. 大棕蝠

大棕蝠 *Eptesicus serotinus* (Schreber,1774)

目:翼手目 CHIROPTERA

科:蝙蝠科 Vespertilionidae

生境:森林、灌木、耕地、人造建筑

生态类群:飞行类

地理区系:东洋界

保护等级:浙江省一般保护野生动物

《IUCN 红色名录》:LC

《中国生物多样性红色名录》:LC

数据来源:蒋志刚等,2015;丽水市野生动物编目调查

73. 中华山蝠

中华山蝠 *Nyctalus plancyi* Gerbe,1880

目:翼手目 CHIROPTERA

科:蝙蝠科 Vespertilionidae

生境:人造建筑、洞穴、森林

生态类群:飞行类

地理区系:古北界

保护等级:浙江省一般保护野生动物

《IUCN 红色名录》:LC

《中国生物多样性红色名录》:LC

数据来源:《浙江动物志》编辑委员会,1988;蒋志刚等,2015;陈小荣等,

2013;丽水市野生动物编目调查

74. 斑蝠

斑 蝠 *Scotomanes ornatus*（Blyth，1851）

目:翼手目 CHIROPTERA

科:蝙蝠科 Vespertilionidae

生境:森林、洞穴

生态类群:飞行类

地理区系:东洋界

保护等级:浙江省一般保护野生动物

《IUCN 红色名录》:LC

《中国生物多样性红色名录》:LC

数据来源:蒋志刚等,2015;丽水市野生动物编目调查

75. 亚洲长翼蝠

亚洲长翼蝠 *Miniopterus fuliginosus* Hodgson,1835

目:翼手目 CHIROPTERA

科:蝙蝠科 Vespertilionidae

生境:洞穴、耕地、严重退化森林

生态类群:飞行类

地理区系:东洋界

保护等级:浙江省一般保护野生动物

《IUCN 红色名录》:LC

《中国生物多样性红色名录》:NT

数据来源:蒋志刚等,2015;丽水市野生动物编目调查

参考文献

1.蔡波,王跃招,陈跃英,等.中国爬行纲动物分类厘定[J].生物多样性,2015,23(3):365—382.

2.陈德良.百山祖自然保护区志[M].杭州:浙江科学技术出版社,2015.

3.陈小荣,许大明,鲍毅新,等.G-F指数测度百山祖兽类物种多样性[J].生态学杂志,2013,32(6):1421—1427.

4.陈晓虹,周开亚,郑光美.中国臭蛙类一新种[J].北京师范大学学报(自然科学版),2010,46(5):606—609.

5.陈宜瑜.中国动物志·硬骨鱼纲·鲤形目(中卷)[M].北京:科学出版社,1998.

6.陈智强,魏浩华,刘菊莲,等.浙江和江西两省蜥蜴类新记录——股鳞蜓蜥[J].四川动物,2017,36(4):479—480.

7.费梁,胡淑琴,叶昌媛,等.中国动物志·两栖纲(下卷)·无尾目·蛙科[M].北京:科学出版社,2009b.

8.费梁,叶昌媛,胡淑琴,等.中国动物志·两栖纲(上卷)·总论 蚓螈目 有尾目[M].北京:科学出版社,2006.

9.费梁,叶昌媛,胡淑琴,等.中国动物志·两栖纲(中卷)·无尾目[M].北京:科学出版社,2009a.

10.费梁,叶昌媛,江建平.中国两栖动物及其分布彩色图鉴[M].成都:四川科学技术出版社,2012.

11.费梁,叶昌媛,李成.竹叶臭蛙的分类学研究Ⅱ.两新种记述(两栖纲:蛙科)[J].动物分类学报,2001,26(4):601—607.

12.费梁,叶昌媛,黄永昭.中国两栖动物检索[M].重庆:科学技术文献出版社重庆分社,1990.

13.费梁,叶昌媛.中国锄足蟾科掌突蟾属的分类探讨暨一新种描述(Amphibia:Pelobatidae)[J].动物学报,1992,38(3):245—253.

14.高欣,朱曦,鲁庆彬,等.浙江望东垟高山湿地自然保护区物种多样性研究[C]//全国生物多样性保护与持续利用研讨会,2006.

15.洪起平,丁平,丁炳扬,等.凤阳山自然资源考察与研究[M].北京:中国林业出版社,2007.

16.洪起平.凤阳山自然资源考察与研究[M].北京:中国林业出版社,2007.

17.侯勉,李丕鹏,吕顺清.秉螈 *Pingia granulosus* 的重新发现及新模描述[J].四川动物,2009,28(1):15—18.

18.季国华,郑伟成,王华,等.基于分子及传统方法对九龙山自然保护区黑麂资源研究[J].浙江林业科技,2015,35(4):1—6.

19.蒋志刚,等.中国哺乳动物多样性及地理分布[M].北京:科学出版社,2015.

20.蒋志刚,江建平,王跃招,等.中国脊椎动物红色名录[J].生物多样性,2016,24(5):500—551.

21.金伟,王聿凡,蒋珂,等.浙江省发现两栖纲寒露林蛙(无尾目:蛙科)[J].动物学杂志,2017,52(6):1048—1052.

22.乐佩琦,等.中国动物志·硬骨鱼纲·鲤形目(下卷)[M].北京:科学出版社,2000.

23.李佳,刘芳,叶立新,等.利用红外相机调查浙江省凤阳山兽类和鸟类多样性[J].兽类学报,2018,38(1):95—103.

24.李佳,叶立新,李迪强,等.浙江龙泉发现斑尾鹃鸠[J].动物学杂志,2016,51(6):948.

25.李思忠,张春光.中国动物志·硬骨鱼纲·银汉鱼目 将形目 颌针鱼目 蛇鳚目 鳕形目[M].北京:科学出版社,2011.

26.练青平,原居林,张爱菊,等.瓯江干流丽水段渔业资源的初步研究[J].江西农业大学学报,2012,34(2):351—357.

27.刘宝权,王聿凡,蒋珂,等.中国浙江发现树蛙属一新种(两栖纲:树蛙科)[J].动物学杂志,2017,52(3):361—372.

28.刘宝权,诸葛刚,汤腾,等.浙江丽水发现黑眉拟啄木鸟[J].动物学杂志,2018,53(6):977.

29.刘日林,周佳俊,刘凯恺,等.浙江省望东垟高山湿地发现橙脊瘰螈(有尾目:蝾螈科)[J].动物学杂志,2019,54(1):117—122.

30.龙泉市林业局.龙泉林业志[M].北京:中国林业出版社,2009.

31.潘金贵,韦直.浙江省九龙山自然保护区自然资源研究[M].北京:中国林业出版社,1996.

32.彭丽芳,张亮,鲁长虎,等.广西、浙江、江西发现福清链蛇[J].动物学杂志,2015,50(6):963—968.

33.彭丽芳,朱毅武,张亮,等.浙江省发现刘氏链蛇[J].动物学杂志,2017,52(4):582,651.

34.曲利明.中国鸟类图鉴[M].福州:海峡书局,2014.

35.宋世和.丽水鸟类[M].北京:中国名族摄影艺术出版社,2018.

36.宋世和.松阳鸟类[M].北京:中国文史出版社,2015.

37.唐鑫生,项鹏.崇安地蜥的再发现及其分布范围的扩大[J].动物学杂志,2002,37(4):65—66.

38.田延浩,吴晓丽,李烜,等.浙江龙泉市凤阳山发现棕腹大仙鹟和冕雀[J].动物学杂志,2018,53(3):500.

39.田延浩,吴晓丽,李烜,等.浙江省鸟类新记录——小鸥[J].四川动物,2017,36(6):656.

40. 王火根,范忠勇,陈莹.中国浙江缨口鳅属一新种(鲤形目,平鳍鳅科,腹吸鳅亚科)[J].动物分类学报,2006,31(4):902－905.

41. 王聿凡,刘宝权,蒋珂,等.中国浙江省发现异角蟾属一新种(两栖纲:角蟾科)[J].动物学杂志,2017,52(1):19－29.

42. 吴丞昊,季景勇,张芬耀,等.浙江省鸟类新记录——楔尾鹱[J].四川动物,2019,38(2):162－163.

43. 伍汉霖,钟俊生.中国动物志·硬骨鱼纲·鲈形目(五)·虾虎鱼亚目[M].北京:科学出版社,2008.

44. 夏丽敏,纪孔法,潘丽红,等.景宁大仰湖湿地自然保护区兽类动物多样性调查研究[J].安徽农学通报,2018,24(8):109－111,123.

45. 杨佳,陈苍松,陈水华,等.浙江省两栖动物新记录——小棘蛙[J].动物学杂志,2011,46(5):151－152.

46. 杨剑焕,洪元华,赵健,等.5种江西省两栖动物新记录.动物学杂志,2013,48(1):129－133.

47. 叶昌媛,费梁.中国蛙科一新种——福建大头蛙(两栖纲:无尾目)[J].动物分类学报,1994(4):494－499.

48. 袁乐洋,方一锋,杨佳,等.浙江省光唇鱼属分类整理及光唇鱼(*Acrossocheilus fasciatus*)种群系统发育研究[C]//浙江省动物学会第十三次会员代表大会暨学术研讨会论文摘要集.宁波,2018.

49. 约翰·马敬能,卡伦·菲利普斯,何芬奇.中国鸟类野外手册[M].长沙:湖南教育出版社,2000.

50. 张家银,廖进平,罗建峰,等.浙江九龙山陆生野生脊椎动物资源现状及保护对策[J].温州大学学报(自然科学版),2009,30(4):1－6.

51. 张孟闻,宗愉,马积藩.中国动物志·爬行纲(第一卷)·总论 龟鳖目 鳄形目[M].北京:科学出版社,1998.

52. 张晓锋,王火根.浙江缨口鳅属鱼类一新种(鲤形目:平鳍鳅科)[J].上海海洋大学学报,2011,20(1):85－88.

53. 赵尔宓,黄美华,宗愉,等.中国动物志·爬行纲(第三卷)·有鳞目·蛇亚目[M].北京:科学出版社,1998.

54. 赵尔宓,赵肯堂,周开亚,等.中国动物志·爬行纲(第二卷)·有鳞目·蜥蜴亚目[M].北京:科学出版社,1999.

55. 赵尔宓.中国蛇类(上卷)[M].合肥:安徽科学技术出版社,2006a.

56. 赵尔宓.中国蛇类(下卷)[M].合肥:安徽科学技术出版社,2006b.

57. 郑光美.中国鸟类分类与分布名录[M].北京:科学出版社,2017.

58. 郑伟成,章书声,潘成椿,等.红外相机技术监测九龙山国家级自然保护区鸟兽多样性[J].浙江林业科技,2014(1):17－22.

59. 郑祥,鲍毅新,葛宝明,等.九龙山自然保护区黑麂的种群密度、分布与保护[J].浙江师范大学学报(自然科学版),2005,28(3):313－318.

60.朱曦,姜海良,吕春燕.华东鸟类物种和亚种分类名录与分布[M].北京:科学出版社,2008.

61.朱曦.森林鸟类学[M].杭州:浙江科技学术出版社,2005.

62.诸新洛,郑葆珊,戴定远,等.中国动物志·硬骨鱼纲·鲇形目[M].北京:科学出版社,1999.

63.《凤阳山志》编委会.凤阳山志[M].北京:中国林业出版社,2012.

64.《浙江动物志》编辑委员会.浙江动物志·淡水鱼类[M].杭州:浙江科学技术出版社,1991.

65.《浙江动物志》编辑委员会.浙江动物志·两栖类 爬行类[M].杭州:浙江科学技术出版社,1990a.

66.《浙江动物志》编辑委员会.浙江动物志·鸟类[M].杭州:浙江科学技术出版社,1990b.

67.《浙江动物志》编辑委员会.浙江动物志·兽类[M].杭州:浙江科学技术出版社,1988.

68.Smith A T,解焱.中国兽类野外手册[M].长沙:湖南教育出版社,2009.

69. Huang S P,Chen I S,Shao K T. A new species of *Rhinogobius* (Teleostei:Gobiidae) from Zhejiang Province,China[J]. Ichthyological research,2016,63(4):470−479.

70. Huang Z Y,Liu B H. A new species of the genus *Rana* from Zhejiang,China[J]. Journal of Fudan University(Natural Science),1985,24:235−237.

71. Li F,Li S,Chen J K. Rhinogobius immaculatus,a new species of freshwater goby (Teleostei:Gobiidae) from the Qiantang River,China[J]. Zoological research,2018,39(6):396.

72. Li G,Liang B,Wang Y,et al. Echolocation calls,diet,and phylogenetic relationships of Stoliczka′S Trident Bat,*Aselliscus stoliczkanus* (Hipposideridae)[J]. Journal of Mammalogy,2007,88(3):736−744.

73. Sun K,Feng J,Zhang Z,et al. Cryptic diversity in Chinese rhinolophids and hipposiderids (Chiroptera:Rhinolophidae and Hipposideridae)[J]. Mammalia,2009,73(2):135−141.

74. Wu Y Q,Li S Z,Liu W,et al. Description of a new horned toad of *Megophrys* Kuhl & Van Hasselt,1822 (Amphibia,Megophryidae) from Zhejiang Province,China[J]. ZooKeys,2020,1005:73−102.

75. Yang J Q,Wu H L,Chen I S. A new species of *Rhinogobius* (Teleostei:Gobiidae) from the Feiyunjiang basin in Zhejiang Province,China[J]. Ichthyological Research,2008,55(4):379.

76. Yuan Z Y,Wu Y K,Zhou J,et al. A new species of the genus Paramesotriton (Caudata:Salamandridae) from Fujian,southeastern China[J]. Zootaxa,2016,4205(6):549−563.

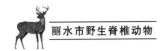

77. Zhang M H，Fei L，Ye C Y，et al. A new species of genus *Microhyla* (Amphibia：Anura：Microhylidae) from Zhejiang Province，China［J］. Asian Herpetological Research，2018，9(3)：135－148.

鱼 类

长鳍马口鱼 Opsariichthys evolans

齐氏田中鳑鲏 Tanakia chii

尖头大吻鱥 Rhynchocypris oxycephalus

衢江花鳅 Cobitis qujiangensis

乌岩岭吻虾虎鱼 Rhinogobius wuyanlingensis

无斑吻虾虎鱼 Rhinogobius immaculatus

鱼 类

台湾白甲鱼 *Onychostoma barbatulum*

温州光唇鱼 *Acrossocheilus wenchowensis*

拟腹吸鳅 *Pseudogastromyzon fasciatus*

浙江原缨口鳅 *Vanmanenia stenosoma*

鲢 *Hypophthalmichthys molitrix*

马口鱼 *Opsariichthys bidens*

秉志肥螈 *Pachytriton granulosus*

橙脊瘰螈 *Paramesotriton aurantius*

福建掌突蟾 *Leptobrachella liui*

淡肩角蟾 *Xenophrys boettgeri*

中华蟾蜍 *Bufo gargarizans*

黑眶蟾蜍 *Duttaphrynus melanostictus*

福建大头蛙 *Limnonectes fujianensis*

虎纹蛙 *Hoplobatrachus chinensis*

棘胸蛙 *Quasipaa spinosa*

九龙棘蛙 *Quasipaa jiulongensis*

泽陆蛙 *Fejervarya multistriata*

寒露林蛙 *Rana hanluica*

崇安湍蛙 *Amolops chunganensis*

凹耳臭蛙 *Odorrana tormota*

阔褶水蛙 *Hylarana latouchii*

三港雨蛙 *Hyla sanchiangensis*

中国雨蛙 *Hyla chinensis*

大树蛙 *Zhangixalus dennysi*

中华鳖 Pelodiscus sinensis

乌龟 Mauremys reevesii

北草蜥 Takydromus septentrionalis

脆蛇蜥 Dopasia harti

股鳞蜓蜥 Sphenomorphus incognitus

铅山壁虎 Gekko hokouensis

福建绿蝮 *Viridovipera stejnegeri*

白头蝰 *Azemiops feae*

尖吻蝮 *Deinagkistrodon acutus*

原矛头蝮 *Protobothrops mucrosquamatus*

中国钝头蛇 *Pareas chinensis*

绞花林蛇 *Boiga kraepelini*

赤链华游蛇 *Sinonatrix annularis*

挂墩后棱蛇 *Opisthotropis kuatunensis*

黑眉锦蛇 *Elaphe taeniurus*

黄链蛇 *Lycodon flavozonatum*

纹尾斜鳞蛇 *Pseudoxenodon stejnegeri*

绣链腹链蛇 *Hebius craspedogaster*

小䴙䴘 *Tachybaptus ruficollis*

凤头䴙䴘 *Podiceps cristatus*

楔尾鹱 *Ardenna pacificus*

普通鸬鹚 *Phalacrocorax carbo*

黑水鸡 *Gallinula chloropus*

红脚田鸡 *Amaurornis akool*

白鹭 *Egretta garzetta*

东方白鹳 *Ciconia boyciana*

池鹭 *Ardeola bacchus*

夜鹭 *Nycticorax nycticorax*

鹗 *Pandion haliaetus*

牛背鹭 *Bubulcus ibis*

凤头蜂鹰 *Pernis ptilorhynchus*

蛇雕 *Spilornis cheela*

林雕 *Ictinaetus malaiensis*

凤头鹰 *Accipiter trivirgatus*

红隼 *Falco tinnunculus*

红脚隼 *Falco amurensis*

彩鹬 *Rostratula benghalensis*

黑翅长脚鹬 *Himantopus himantopus*

金眶鸻 *Charadrius dubius*

金鸻 *Pluvialis fulva*

长趾滨鹬 *Calidris subminuta*

红颈滨鹬 *Calidris ruficollis*

小杜鹃 *Cuculus poliocephalus*

小鸦鹃 *Centropus bengalensis*

领鸺鹠 *Glaucidium brodiei*

斑头鸺鹠 *Glaucidium cuculoides*

大拟啄木鸟 *Psilopogon virens*

大斑啄木鸟 *Dendrocopos major*

灰头鸦雀 *Psittiparus gularis*

高山短翅蝗莺 *Locustella mandelli*

黄颊山雀 *Machlolophus spilonotus*

叉尾太阳鸟 *Aethopyga christinae*

黄腹角雉 *Tragopan caboti*

铜蓝鹟 *Eumyias thalassinus*

豹猫 *Prionailurus bengalensis*

果子狸 *Paguma larvata*

中华斑羚 *Naemorhedus griseus*

小麂 *Muntiacus reevesi*

藏酋猴 *Macaca thibetana*

无尾蹄蝠 *Coelops hirsutus*

黑麂 *Muntiacus crinifrons*

中华鬣羚 *Capricornis milneedwardsii*

猪獾 *Arctonyx collaris*

猕猴 *Macaca mulatta*

野猪 *Sus scrofa*

食蟹獴 *Herpestes urva*